硫化锌精矿加压酸浸技术及产业化

王吉坤　周廷熙　著

北　京

冶 金 工 业 出 版 社

2021

内 容 简 介

全书共分 8 章，主要内容有概论；国内外加压浸出技术的发展历程；硫化锌精矿的物理、化学性质；硫化锌精矿的湿法冶金工艺；硫化锌精矿的直接浸出；加压浸出设备及钛材料的应用；加压浸出渣的处理；加压浸出技术的应用领域以及主要参考文献。

本书适合有色冶金行业的工程技术人员阅读参考，也可作为高等院校相关专业的教学参考用书。

图书在版编目（CIP）数据

硫化锌精矿加压酸浸技术及产业化／王吉坤，周廷熙著．
—北京：冶金工业出版社，2005.9（2021.8 重印）
ISBN 978-7-5024-3794-7

Ⅰ.①硫…　Ⅱ.①王…　②周…　Ⅲ.①硫化锌精矿—酸浸　Ⅳ.①TD912

中国版本图书馆 CIP 数据核字（2021）第 170902 号

出 版 人　苏长永
地　　址　北京市东城区嵩祝院北巷 39 号　邮编　100009　电话　(010)64027926
网　　址　www.cnmip.com.cn　电子信箱　yjcbs@cnmip.com.cn
责任编辑　杨盈园　美术编辑　彭子赫
责任校对　王永欣　责任印制　李玉山
ISBN 978-7-5024-3794-7

冶金工业出版社出版发行；各地新华书店经销；北京中恒海德彩色印刷有限公司印刷
2005 年 9 月第 1 版，2021 年 8 月第 3 次印刷
850mm×1168mm　1/32；7.875 印张；209 千字；239 页
68.00 元

冶金工业出版社　投稿电话　(010)64027932　投稿信箱　tougao@cnmip.com.cn
冶金工业出版社营销中心　电话　(010)64044283　传真　(010)64027893
冶金工业出版社天猫旗舰店　yjgycbs.tmall.com
（本书如有印装质量问题，本社营销中心负责退换）

前　言

在现代经济建设中，锌已成为不可缺少的大用量的重要金属原料。我国锌储量占世界第一位，是锌的重要生产和出口国。硫化锌精矿是提取锌的主要原料，湿法炼锌是锌冶炼中的主导冶炼技术和方法。经过不断的完善，目前世界上金属锌产量中用湿法炼锌占80%。这里所说的湿法炼锌并不是全部采用湿法工序，实际上湿法炼锌的工艺中有火法和湿法两部分，硫化锌精矿首先需要经过沸腾焙烧脱硫，产生的二氧化硫烟气必然要有收集—输送—冷却—净化系统，然后制酸产出硫酸，这无疑将使炼锌和制酸两大生产工艺合在一起，使炼锌流程更加复杂，也增加了炼锌的投资，同时增加了湿法炼锌工艺中的二氧化硫的污染问题，特别严重的是锌的生产和硫酸销售市场连在一起。人们知道，由于硫酸是腐蚀性强的液体，储存和运输都要专门的装置，锌冶炼厂不可能大量库存硫酸。当硫酸销售不畅时，锌的生产必然受影响，以致停产，即锌的冶炼必将受到硫酸市场的制约。为此，在20世纪50年代开始提出锌精矿的加压浸出技术，主要因素是加压浸出具有投资省；硫以元素硫回收，减少环境污染；技术先进等优点。

经过近30年的试验，硫化锌精矿的加压浸出技术在20世纪80年代初正式投入工业生产，经过不断完善已显示了良好的应用前景。硫化锌精矿的加压浸出技术具有工艺适应性强，压力釜作业率较高，锌回收率高，硫以元素硫形态回收对环境的污染危害小，与传统流程相比单位投资较少（仅为传统工艺的70%），生产成本与传统流程相近等特点。掌握该技术的各国技术机构和公司都对其关键技术高度保密。

　　我国在20世纪80年代，由北京矿冶研究总院、株洲冶炼厂、中国科学院化工冶金研究所等先后进行了硫化锌精矿的加压浸出小型及扩大试验研究，取得较好结果。但由于受到各种条件限制，一直未实现产业化。

　　我国锌矿储量中铁闪锌矿占有相当大的比例，典型的矿山有广西的大厂、湖南的黄沙坪和云南的都龙、澜沧等。由于铁闪锌矿的结构特点，铁以类质同象存在于矿物晶格中，通过选矿不可能将其分离，产出的锌精矿含锌低（40%~45%），含铁高（14%~18%），其精矿的化学成分低于国家有色金属行业标准规定的四级品标准。因为硫化锌精矿中的铁在焙烧过程中形成铁酸锌包裹体，在中性浸出中，被包裹的锌不能有效浸出，长期以来这部分锌精矿只能低价销售给炼锌厂按比例配入常规锌精矿中处理。为了提高锌浸出率，需要在高温高酸下进行浸出，在浸出锌的同时，铁也大量浸出，导致铁渣量大，浸出的锌又损失到铁渣中，锌的总回收率低，资源综合利用水平低。

　　20世纪90年代以来，云南冶金集团总公司为了开发利用高铁硫化锌精矿资源，在国家和云南省有关部门的大力支持下，开始进行一系列硫化锌精矿加压浸出技术和装备的试验研究，并于2004年在云南冶金集团总公司控股的云南永昌铅锌股份有限公司投入工业生产，这是我国采用高压酸浸工艺技术生产电锌的第一个产业化企业。

　　硫化锌精矿加压浸出技术及其产业化经过 20 多年的发展和完善，在理论研究和工程化过程中，取得了许多成果，广大锌冶金工作者迫切希望将所取得的成就和经验进行总结和提高，以便为我国硫化锌精矿加压浸出技术的发展提供全面的技术支持。为此，作者首次在国内撰写了《硫化锌精矿加压酸浸技术及产业化》这本书。

　　本书是我国第一部全面、系统地阐述硫化锌精矿加压酸浸技术理论与实践的工程技术专著，在对国外研究和对其工业应用状况进行介绍的同时，也对国内研究取得的成果和工程化中取得的经验进行总结。对在加压浸出中广泛使用的钛材的相关资料进行分析，还对相关的配套技术和装备进行了阐述。

　　硫化锌精矿的加压浸出技术和产业化项目实施，得到国家发展与改革委员会、云南省发展与改革委员会、云南省科技厅的大力支持。北京矿冶研究总院邱定蕃院士等在项目的实施过程中给予大力支持。在该书的写作过程中，得到了云南冶金集团总公司领导的关心和支持；特别是云南冶金集团总公司董事长陈智和总经理、高铁硫化锌精矿加压酸浸产业化项目总指挥董英高级工程师的支持和帮助；得到了云南永昌铅锌股份有限公司杨洪枝总经理、毕红兴副总经理、张安福总工程师、朱国邦主任等的支持和帮助；得到云南澜沧铅矿吴锦梅高级工程师及参加试验的工程技术人员的支持和帮助。整个项目凝结了许多参加试验和产业化的工程技术人员的辛勤工作，我们在此表示衷心的感谢。

　　由于可供借鉴的资料和作者水平有限，加之工程化设备运行的时间有限，书中不妥之处在所难免，恳请读者予以斧正。

作　者

2005 年 4 月于昆明

目　　录

1 概　论

1.1　锌的用途及市场

金属锌呈银白色，断面具有金属光泽。加热到 $100 \sim 150℃$ 时，锌变成柔软状态，可压成 $0.05mm$ 的薄片或拉成细丝。锌在干燥的大气环境中有较好的耐腐蚀性能，其腐蚀速度为 $1 \sim 0.1 \mu m/a$。而在工业区大气中，因为水蒸气常常呈酸性，会使锌的腐蚀速度有所增加（约为 $5 \mu m/a$）。潮湿而含有氧和二氧化碳等气体的水蒸气，可使锌的表面产生腐蚀斑点 $[2ZnCO_3 \cdot Zn(OH)_2]$，通称"白锈"，随着在表面上白色碱式碳酸盐致密薄膜的形成，缓和了锌的腐蚀速度。因此，锌的用途十分广泛，在国民经济中占有很重要的地位。世界锌的总消耗量在金属行业中排第 5 位，仅次于钢、铝、铜、锰，在有色金属中排第 3 位。我国工业用锌牌号、化学成分可见表 1-1。

表 1-1　GB/T470—1977 规定的锌锭的化学成分　　　（%）

牌　号	主要成分（不小于）	化　学　成　分								
		杂质含量（不大于）								
		Pb	Cd	Fe	Cu	Sn	Al	As	Sb	总和
Zn99.995	99.995	0.003	0.002	0.001	0.001	0.001				0.0050
Zn99.99	99.99	0.005	0.003	0.003	0.002	0.001				0.010
Zn99.95	99.95	0.20	0.02	0.01	0.001	0.001				0.050
Zn99.5	99.5	0.50	0.02	0.02	0.002	0.002	0.010	0.005	0.01	0.50
Zn98.7	98.7	0.3	0.07	0.03	0.002	0.002	0.010	0.01	0.02	1.30

世界上锌的主要消费领域依次为镀锌、黄铜和青铜、锌基合金和化工产品。锌的标准电极电位为 $-0.76V$，它与碳、铜、铁、铅、铂、锡、黄铜等材料间的电位差为负值，因此，锌在大

气、水和各种腐蚀介质中与这些材料接触时，它自己首先受到腐蚀而保护电位高的金属，作为增强其他金属或材料的使用性能的一种功能材料。锌的这种电化学保护作用在工业上得到了广泛的应用，如钢材的表面镀锌、海洋船舶所用的富锌涂料、橡胶及塑料的氧化锌填料等等。

由于锌能与许多有色金属组成合金，以适应于各部门的需要。如 Cu-Zn 构成黄铜，Cu-Sn-Zn 形成青铜，Cu-Zn-Sn-Pb 用作耐磨合金，其中配制黄铜用锌占很大部分。可广泛用于机械工业及国防工业；Zn-4Al 压铸合金由于具有熔点低、铸造性能好等特点，在航空工业和汽车工业获得广泛应用。虽然由于质量原因，锌的某些用途有被铝和塑料所取代的趋势，但因薄壁压铸技术的发展。特别是 20 世纪 60 年代开始发展，至 20 世纪 70 年代末形成的新的铸造锌合金开辟了新的应用领域。锌及其合金制品在某些范围内的应用正不断减少、如印刷制版工业用锌板的耗量一直是有限的，目前部分印刷图板改用有机化合物（所谓塑料板），使锌在加工轧制制品方面的消耗受到影响。

在锌湿法冶炼的净液过程中，通常加锌粉除去铜、镉等杂质；在提取粗铅中的贵金属时也用到锌。锌的氧化物多用于颜料工业和橡胶工业；氯化锌用作木材的防腐剂，硫酸锌用于制革、纺织和医药等。

表 1-2 为 24 个发达国家和发展中国家 1987 年锌消费结构情况。表 1-3 为 1990～1994 年美国锌的消费结构。表 1-4 为 1990～1994 年日本锌的消费结构。表 1-5 为近年来我国锌的消费结构。

表 1-2　24 个发达国家和发展中国家 1987 年锌消费结构

消费结构	比例/%	消费结构	比例/%
镀锌钢	45.0	锌半成品	6.0
黄铜和青铜	20.8	锌粉及锌尘	1.4
锌基合金	15.2	其他产品	2.4
化学药品	8.3		

表1-3 1990～1994 年美国锌的消费结构

消费结构	1990 年		1991 年		1992 年		1993 年		1994 年	
	消费/万t	比例/%	消费/万t	比例/%	消费/万t	比例/%	消费/万t	比例/%	消费/万t	比例/%
镀锌产品	52.0	52.0	46.0	50.9	53.3	51.5	53.2	51.4	56.4	51.1
锌基合金	21.0	21.0	20.0	22.0	21.4	20.7	22.2	21.4	22.9	20.8
黄铜制品	12.0	12.0	11.3	12.5	15.0	14.5	14.0	13.5	15.0	13.6
氧化锌	6.7	6.7	5.8	6.3	5.3	5.1	6.3	6.1	7.2	6.5
轻金属合金及其他用途①	8.3	8.3	7.1	7.8	6.5	6.3	7.8	7.5	8.8	8.0
总　计	100.0	100.0	90.2	100.0	103.5	100.0	103.5	100.0	110.3	100.0

①其他用途包括锌粉、电池、化工产品、锌铸件等。

表1-4 1990～1994 年日本锌的消费结构①

消费结构	1990 年		1991 年		1992 年		1993 年		1994 年	
	消费/万t	比例/%	消费/万t	比例/%	消费/万t	比例/%	消费/万t	比例/%	消费/万t	比例/%
镀　锌	49.01	62.4	51.54	65.5	50.85	65.1	45.78	63.0	44.53	63.3
黄铜轧制品	10.31	13.1	10.89	13.8	9.27	11.9	9.68	13.3	9.87	14.0
轧制锌							0.80	1.1	0.33	0.5
压铸合金	10.77	13.7	10.37	13.2	9.54	12.2	8.88	12.2	8.54	12.1
氧化锌锌粉	3.65	4.7	3.70	4.7	3.18	4.0	2.90	4.0	3.41	4.9
黄铜铸件及其他用途	4.82	6.1	2.24	2.8	5.28	6.8	4.62	6.4	3.66	5.2
总　计	78.56	100.0	78.74	100.0	78.12	100.0	72.66	100.0	70.34	100.0

①包括再生锌和锌废料的直接应用。

比较表1-3～表1-5 可知，在镀锌和压铸锌合金方面：中国的消费比例比外国低得多。以 1994 年为例，中国的消费比例分别为 24% 和 10%，同期美国的消费比例分别为 51.1% 和 20.8%，日本分别为 63.3% 和 12.1%；在干电池、氧化锌和立德粉方面：中国锌的消费比例共达 50%，同期美国在氧化锌方面的消费比例为 6.5%，日本为 4.9%，中国的比例又高得多。按这样的比例计算中国 1994 年的消费结构甚至比 1987 年 24 个发达国家和发展。中国家锌消费结构平均值还不理想。当然，这与我国经济发展水平密切相关。汽车工业处于起步阶段，其中的卡车比例又偏大。汽车工业的发展将导致镀锌和压铸锌合金的需求增长，从而引起锌消费水平的提高和消费结构的变化。

表 1-5   我国锌的消费结构

消费结构	1991 年		1994 年		1998 年	
	消费/万 t	比例/%	消费/万 t	比例/%	消费/万 t	比例/%
镀 锌	15.28	22	16.0	24	31.9	36
干电池	12.00	21	14.0	24	20.4	23
铜合金	11.00	20	11.0	17	10.6	12
压铸合金	4.00	7	6.3	10	8.0	9
氧化锌	9.70	17	10.2	16	12.4	14
立德粉	6.28	11	6.8	10	—	—
其 他	1.14	2	1.2	2	5.3	6
总 计	56.70	100	65.5	100	88.5	100

在我国，锌的消费按地区及相关行业的分布形成了几个特色带：浙江、广东、福建以压铸合金耗量大；广西柳州以锌矿作原料直接生产氧化锌和立德粉；上海、江苏、浙江拥有全国 70% 的铜材产量，铜材耗锌集中在这一地区；东南沿海省份是干电池生产行业耗锌的集中地。

根据我国锌工业实际和国民经济的发展，锌冶炼延伸和深加工产品预期在下列方面将有所发展：

（1）热镀锌合金。汽车工业和建筑业是镀锌产品的两大消费市场，随着轿车逐步进入家庭、全国城市化进程的加快和西部大开发战略的逐步实施，汽车工业、建筑业和西部基础设施在可以预见的时期内将会有较大的发展。例如，1991 年我国汽车工业的生产能力为 110 万辆，1995 年汽车产量为 150 万辆，2000 年汽车产量为 250 万辆，2010 年的预期目标超过 500 万辆。2000 年我国机动车保有量为 6000 万辆，而 20 年前仅为 40 万辆，发展速度是非常快的。预计 2005 年镀锌板产量将达到 300 万 t 左右，耗锌 46 万 t，比 1999 年增加 12 万 t，是锌消费增长的主力。两种目前已得到应用的新型锌镀层材料应引起注意，一种为锌铝合金（55% Al，43.4% Zn，1.6% Si），它已经部分代替了某些传统材料。美国用于屋顶结构方面的 23 万 t 镀锌钢材有 90% 为锌铝合金，在 20 世纪 90 年代初美国高铝含量的镀锌钢材总销量已达 1000 万 t。另一种为锌稀土合金（95% Zn，5% Al，少量稀土添加剂），有着良好的成型性、防腐性和可喷涂性。1990 年产量达 56.5 万 t。它还可用于家电设备。目前世界上有锌稀土合金的管、线、带材生产线 40 余条，中国是稀土金属大国，制造锌稀土合金亦对改变长期以出口原料和初级产品为主的稀土工业有利。在我国，镀锌钢材（含板、带、丝、线、管、管件、结构件等）目前多在大型钢铁企业和专门企业进行。

（2）压铸锌合金。除了汽车工业和建筑业，压铸锌合金还用于电器元件行业。在西方，锌在上述领域的消费比例分别为 28%、25% 和 7.8%。一种称为 ZA 的锌合金，主要成分为 Zn 和 Al，还含有少量 Cu 和 Mg。它还可用于重力铸造，还具有抗摩擦性能，因此可部分取代青铜、黄铜和铸铝合金。

（3）锌材。主要用于建筑业和轻工业。世界锌材在 20 世纪 90 年代中期消费量为 36 ~ 40 万 t，约占锌总消费量的 7%。最大的锌材生产国是法国和德国，其在该方面消费的锌量占总锌量的比例分别为 23.3% 和 12.3%。轧制锌材一般用特高级锌和高级锌生产，加入少量合金元素（如 Cu、Mn、Cr、Ti 等）。

（4）高附加值产品。目前国际市场价值较高的氧化锌品种有活性氧化锌、电子工业用氧化锌、光敏氧化锌、针状氧化锌、医用氧化锌等。开发碱性锌锰电池用无汞锌粉、锌-空气电池、氧化锌晶须及纳米级氧化锌粉等新产品制备技术及产业化，对满足国内需求也是有益的。

（5）进口替代品。据统计，1991 年我国进口氧化锌 427.7t，价格为 1858.7 美元，出口氧化锌 29333t，价格为 915 美元。1994 年进口锌合金 4.14 万 t，锌型材和异型材 2.12 万 t，锌材 1.25 万 t。此外，国外也正在发展和生产医用、食品软包装用 PVC 制品所使用的钙锌稳定剂。

上述几个方面，有的在我国属于发展阶段，有的属于起步阶段，有的目前仍为空白。但在提高企业经济效益方面的作用将是巨大的。

另外，在其他方面锌的需求增加也是乐观的。如中国在加入 WTO 后，中国电池的出口有进一步增加的可能，按电池行业"十五"规划，2000 年以后电池生产总量仍将以年均 2 亿支增长，至 2005 年耗锌 30 万 t 左右；氧化锌、立德粉等需求稳步增长，至 2005 年耗锌 30 万 t 以上。

1.2 锌的储量

在人类社会发展的过程中、特别是人类在实现工业化的过程中，为了获取社会经济与科学技术发展所必需的各种材料，大量消耗各种矿产资源。工业革命以来，人类消耗的矿产资源已无法统计，而且总是把开发利用条件最好的各种资源最先消耗殆尽。传统工业经济所依赖的是高强度的开采和消耗资源，为达到目的不惜高强度的破坏生态环境，强调的只是人对自然界的改造与征服，把人与自然完全对立起来。从 20 世纪 90 年代起，人们开始对社会生产发展和结构重新进行审视和规划。我国为了实现可持续发展，在建设新型工业化的过程中，要最大限度地节约和充分有效地利用资源。

世界已查明锌资源储量约为 19 亿 t，据 Mineral Commodity Summaries 统计资料可见表 1-6，2001 年世界锌储量基础为 4.4 亿 t，储量为 1.9 亿 t，在世界各国中，锌储量较多的国家有中国、澳大利亚、美国、加拿大、秘鲁和墨西哥等国。2003 年，世界铅锌矿山的产量为铅金属量 280.4 万 t，锌 926.1 万 t。目前，世界锌储量的静态保证年限为 20 年以上，储量基础的静态保证年限在 40 年以上。

表1-6　2001 年世界锌储量和储量基础　　　（万 t）

国　家	储　量	储量基础	国　家	储　量	储量基础
中　国	3400	9300	秘　鲁	800	1300
澳大利亚	3200	8000	墨西哥	600	800
美　国	2500	8000	其　他	7400	13000
加拿大	1100	3100	世界总计	19000	44000

　　锌主要是作为增强其他金属或材料的使用性能的一种功能材料，这些材料在使用过程中以牺牲锌或锌的化合物来延长本身的使用寿命。因此金属锌的生产发展更主要是依赖锌矿物原料的开发利用，矿产锌的产量历来占精锌产量的 90% 以上。随着社会的进步和科学技术的发展，从可持续发展的需要出发，矿产资源的再生，二次锌资源的回收利用日益受到人们重视，据国际锌协会（IZA）估计，目前在世界锌（金属锌及锌品）的消费总量中，约有 200 万 t 来自锌废料。

　　再生锌原料主要是钢铁厂回炉冶炼废钢时产生的含锌烟尘；热镀锌厂生产过程中产生的浮渣和锅底渣；废旧锌和锌合金零件；冶金及化工企业生产过程中产生的工艺副产品；各种含锌废旧料等等。

　　我国锌资源比较丰富。截至 2002 年止,锌储量的静态保证年限为 8 年,储量基础的静态保证年限为 13 年。锌储量的动态保证年限为 7 年。考虑资源在开发利用过程中的浪费和破坏,因自然、交通、矿石品位、开发成本等因素,还有相当数量的资源储量暂时难以利用,加上实际开采量的逐年增长等,现有的锌储量动态保证年限将大大缩短。我国铅锌矿山的产量不能满足锌冶炼生产的需要,2001 年,国内矿山产锌金属量 157 万 t。同期冶炼生产矿产锌 207.8

万 t。不足部分依靠从国外进口,且数量逐年增加,2003 年锌金属原料进口 74.56 万 t,锌矿产资源危机已十分严重。

从探明资源的分布来看,目前已经形成了五大铅锌矿产集中地区:

(1) 岭南地区:包括湘南、粤北和桂东,其点多量大、资源利用率高,现已建成的大中型矿山有 15 座,包括凡口、桃林、水口山、黄沙坪等,该地区铅锌产量占我国总产量的一半。

(2) 川滇地区:虽然现在开采的矿山以中、小型为主,但特大型的兰坪金顶铅锌矿将成为最重要的铅锌矿产基地。此外,云南会泽、鲁甸、巧家、四川天宝山、大梁子均为铅锌储量大、且品位较富的矿产地。

(3) 西秦岭地区:包括甘南和陕南,除了目前正在开采的几个中、小型矿山之外(甘肃小铁山、陕西大西沟等),已建成的厂坝铅锌矿是我国生产规模最大的铅锌矿山,陕西铅峒山亦储量大且品位富。

(4) 华北地区:储量大的有内蒙古东升庙,但品位较低。品位较高的有内蒙古的白音诺尔和河北的蔡家营。这些矿床目前还未利用。

(5) 东北地区:是我国较早开发的铅锌生产地区之一,许多矿山已开采多年,有待于进一步寻找和开发新的铅锌矿床。

除了上述几个集中的地区之外,还有一些对我国铅锌矿生产来说具有重要意义的矿山,如青海的锡铁山、浙江的五部、江西的银山、冷水坑等。

1.3 锌的产量

锌是国民经济的重要原材料,应用广泛,在有色金属工业中,锌是仅次于铝和铜的第三大金属。表 1-7 是 2000~2003 年主要国家和地区的矿山矿产品含锌的产量,矿山产量主要分布在中国、澳大利亚、秘鲁、欧洲、加拿大、美国和墨西哥。表 1-8 是 2000~2003 年主要国家和地区的金属锌的产量和消费量,欧洲、中国、加拿大、日本、韩国和澳大利亚是精炼金属的主要生产地区。主要消费地区是欧洲、北美洲和亚洲的主要工业国家。1995~2004年世界锌的生产和消费量可见表1-9。

表1-7　2000~2003年主要国家的矿产品含锌产量　（万t）

国　家	2000年	2001年	2002年	2003年
中　国	178.0	157.2	162.4	166.7
澳大利亚	137.9	147.6	144.4	147.0
秘　鲁	91.0	105.6	121.9	135.7
欧　洲	106.3	105.3	90.6	101.9
加拿大	100.2	106.5	91.6	78.4
美　国	85.2	84.2	78.4	76.3
墨西哥	39.3	42.9	44.6	50.5
哈萨克斯坦	32.2	32.0	37.6	38.5
其　他	113.8	112.1	118.4	131.1
世界合计	883.9	893.4	889.9	926.1

表1-8　2000~2003年主要国家的金属锌的产量和消费量　（万t）

国　家	2000年		2001年		2002年		2003年	
	产量	消费量	产量	消费量	产量	消费量	产量	消费量
欧　洲	277.0	281.2	288.4	281.7	291.9	275.1	274.6	283.1
中　国	195	140	204	161	216	186	229	208
加拿大	78.0		66.1		79.3		76.2	
日　本	65.4	67.6	64.4	63.3	64.0	60.3	65.1	60.8
韩　国	47.7	43.8	50.8	40.1	60.8	47.6	63.2	48.5
澳大利亚	49.4		55.6		66.7		55.4	
美　国	37.1	134.8	32.9	117.9	34.4	122.2	36.2	114.9
墨西哥	23.5		30.4		30.2		32.4	
哈萨克斯坦	26.2		27.7		28.6		28.3	
秘　鲁	20.0		19.0		17.0		19.8	

表1-9　1995~2004年世界锌的生产和消费量　（万t）

年　度	1995	1996	1997	1998	1999	2000	2001	2002	2003	2004
锌产量	732.4	742.5	773.4	793.9	815.7	898.1	926.8	972.5	979	977
锌消费量	751.3	753.9	777.5	785.6	827.5	899.3	891.7	937.4	960.7	959

1995～2004 年世界锌消费量的年均增长为 2.76%，1995～2004 年我国锌消费量年均增长 17.67%，我国的锌消费量大幅增长，推动锌产量的快速增长，达到年均增长 12.95%。锌消费量与国际经济状况密切相关，一些工业部门，如建筑业、汽车制造业、家用电器行业等，都是锌消费增长的重要领域，使我国锌的消费总量近年来在世界上处于前列，但我国人均铜、铝、铅、锌、锡、镍六种常用有色金属的人均消费量在世界主要国家和地区的排名一般在 40 名以后，1994 年为 2.6kg/人，居 47 位。而俄罗斯是 8.04kg/人，美国是 52.6kg/人。我国锌消费量与工业发达国家的差距很大，人均消费锌量不到世界平均水平的一半，仅为西欧的 10%。随着国家工业化和现代化进程的加快，给锌工业带来良好的发展机遇，如高速公路、桥梁、电力输送、民用住宅以及家用电器对镀锌结构件的良好需求态势，使我国锌消费潜力巨大。

西方大型企业的锌产品品种比较注意多样化。加拿大科明科公司的特雷尔冶炼厂有 59 种锌合金和合金制品，所生产的金属锌有 50%～60% 被加工成合金出售，其销售利润大大超过初级产品总值。日本湿法炼锌厂除主产品电锌外，还生产热镀锌、锌基合金、锌线、氧化锌、磷酸锌等，由于产品延伸方面突出，使得经济效益比较显著。德国莱茵锌制品公司生产屋面锌板、复合锌板和槽状锌产品，向专业化发展。德国鲁尔锌公司达特尔锌厂 1990 年生产特高级锌包括特种锌产品、锌合金和特种氧化锌共 13.15 万 t，并向系列化方向发展。比利时老山公司在法国的维维耶和奥比厂各有一个现代化的锌轧制厂连续生产 Zn-Cu-Ti 合金带材，并生产各种锌铸造合金；在克雷依的氧化锌厂可按用户要求生产各种锌的氧化物以及化工和油漆工业用的锌粉。它们还用连铸连轧工艺生产钎焊用的锌合金线材。老山公司是世界上最大的锌生产企业，同时也是锌加工材的生产大户，其锌延伸和深加工产品和产量之比高达 53.4%，即有一半以上的锌锭在出厂前已被加工成锌制品，产品的科技含量高、附加值大。表 1-10

为老山公司锌加工产品品种及数量。

表1-10 老山公司锌加工产品品种及数量

产品品种	产品产量/t	比例/%	产品品种	产品产量/t	比例/%
轧制锌材	91410	16.47	带材、条、电池外壳	15433	2.78
氧化锌	67209	12.11	锌线	10728	1.93
铸造合金	63069	11.36	锌粉	4052	0.73
锌粉尘	44317	7.98	锌深加工产品合计	296218	53.36
锌锭总产量			555080		

相比之下，我国锌产品的结构产品品种少，产量小，高新技术产品比重小。无法与前述的国外大型企业相比。一些小型企业和微型企业甚至以粗锌的形态出售产品，改善产品结构的问题尤为突出。因此，可以认为国内锌延伸和深加工产品还处于起步阶段，研制开发的任务繁重，潜力巨大，应引起高度重视。在建设新的炼锌企业的同时，也应把良好的产品方案放在重要位置。

2 国内外加压浸出技术的发展历程

2.1 世界炼锌工业的发展

据资料记载，中国和印度是世界上最早生产和应用锌的国家。在我国唐朝就开始炼锌，最古老的炼锌工艺是将氧化锌矿石和无烟煤混合后置于黏土罐中，罐子上方安放一黏土坩埚作为冷却室，在冷却室内有一黏土杯作为冷凝锌的收集器，黏土坩埚的上端盖以铁板，将许多这样的罐子排于炉子中，用燃料加热，当温度达 1000℃ 时，氧化锌开始还原，锌蒸气和烟气进入上方的冷却室，在冷却室中大部分锌蒸气冷凝后凝结在黏土杯中，收集起来即得金属锌。

欧洲锌的生产较晚，在 18 世纪前使用的锌大多都是从我国和印度购买的。大约在 1730 年炼锌的技术才由我国传到英国，后来又相继传入欧洲其他一些国家，随着欧洲工业的发展，炼锌业的发展也十分迅速。在 1758 年以前，炼锌的原料主要在氧化锌矿，而就在这一年，直接焙烧硫化锌矿的炼锌工艺获得专利。1798 年后开始有了平罐炼锌，以后经过改进完善，其后相当长一段时间内，大部分金属锌是用平罐法生产的。

1881 年，开始进行湿法炼锌的第一个半工业试验，经过 35 年的试验研究，直到 1916 年，湿法炼锌技术正式投入工业生产。湿法炼锌由焙烧、烟气制酸、浸出、净化、电积、熔铸等主要工序组成。主要特点是能够综合回收有价金属，金属回收率高，产品质量好，易于实现大规模、连续化、自动化生产。因此，湿法炼锌技术不断完善和向前发展，不到半个世纪，产量超过了火法炼锌，目前已成为锌冶炼中的主要方法。

与此同时，火法炼锌在 20 世纪也有了很大发展。1929 年美国新泽西锌公司改进并完善了竖罐炼锌过程，使之成为锌的连续蒸馏系统，在产量、燃料利用率、过程连续性等方面比古老的竖炉有了很大进步，但基本原理并没有新的突破。1935 年，St. Joseph 铅公司首先使用了电热方法，使竖罐炼锌过程又有了新的改进。

1959 年英国帝国熔炼法开发成功，并投入工业生产，在密闭鼓风炉中直接处理铅锌混合精矿产出粗铅和粗锌。采用该法炼得的锌约占世界锌总产量的 14% 左右，是目前还具有一定生命力的火法冶炼方法。其特点是能同时炼锌、铅，对原料有广泛的适应性，因此在炼锌工业中处理复杂锌铅原料尚具有一定的竞争能力。但存在返料过程复杂，鼓风炉操作条件严格，作业环境控制较难等缺点。我国的韶关冶炼厂是 20 世纪 70 年代建成的密闭鼓风炉冶炼厂，经过 30 多年的生产，积累了丰富的经验，在生产管理、设备改进、环境治理、过程自动控制、资源综合回收等方面都取得了显著的成就，各项技术经济指标都达到了较为先进的水平。

随着加压湿法冶金的发展，20 世纪 70 年代，在加拿大开始锌的加压浸出试验研究，并于 1981 年投入工业生产，建立了世界上第一个锌精矿加压酸浸工厂，至今世界上已有 6 个采用加压酸浸技术的锌冶炼厂。

可见，锌的生产史是复杂的，而近期的发展是迅速的，在今天，五种不同的炼锌方法仍在全世界不同程度的使用。表 2-1 为 1959 年以来，各种炼锌方法的产锌量的比较。由表 2-1 可知，近期内湿法炼锌仍占绝对优势，其中加压湿法炼锌工艺的生产能力占 6.4%，并且还有较大的发展。密闭鼓风炉炼锌发展速度极快，竖罐炼锌保持在原来的水平，电热法炼锌也在不同程度上得到了发展。近十年来，世界范围内的新建炼锌厂多为密闭鼓风炉炼锌或湿法电解炼锌。我国锌冶炼火、湿法并存，近年来湿法炼锌发展较快，约占总产量的 2/3。2003 年，我国竖罐炼锌骨干企业葫芦岛锌厂的锌产量为 22.66 万 t，韶关冶炼厂的密闭鼓风炉工艺的锌产量为 14.18 万 t。

表 2-1　各种炼锌方法产锌量的比例　　　　（%）

炼锌方法	1959 年	1968 年	1975 年	1980 年	1985 年	1990 年	1995 年
湿法炼锌（含加压浸出）	51.0	59.2	67	77.2	81.3	82.1	83.1
密闭鼓风炉炼锌	0.6	10.5	12	11.9	13.1	13.4	13.5
竖罐炼锌	10.9	8.6	9	5.4	1.6	1.6	1.4
平罐炼锌	33.4	16.0	5	3.1	2.0	0.9	0.6
电热法炼锌	4.1	5.7	7	2.4	2.0	2.0	2.0

2.2　加压湿法冶金的发展历程

　　加压湿法冶金划分为加压浸出和加压沉淀两大部分，如图 2-1 所示。加压湿法冶金中的加压沉淀起源于 1859 年俄国化学家 Nikolai Nikolayevith Beketoff 在巴黎开展的试验研究，该研究在 Jean Baptiste Dumas 指导下完成，研究发现：在氢加压条件下加热硝酸银溶液，能析出金属银。这项研究后来由 Vladimir Nikolayevith Ipatieff 继续在圣彼德堡进行，他从 1900 年开始进行了一系列加压条件下的重要反应研究。在这些研究中是从含水溶液中用氢还原分离金属及其化合物。在开始的几年，为试验设计了安全、可靠的压力釜。1955 年加拿大的 Sherritt-Gordon Mines 公司

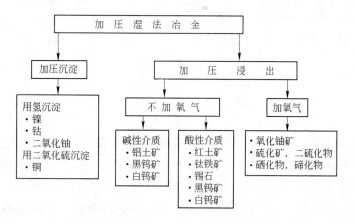

图 2-1　加压湿法冶金划分

将加压条件下金属的沉淀实现了工业化，目前所有加元的镍币都是采用这种技术生产。

加压浸出的研究始于 1887 年 Karl Josef Bayer 在圣彼德堡开展的铝土矿加压碱浸研究，在加压釜中用氢氧化钠浸出铝土矿，在浸出温度为 170℃的条件下，获得铝酸钠溶液，加入晶种分离得到纯的 Al (OH)$_3$。生产氧化铝的拜耳法的出现开创了加压浸出冶金，并使氧化铝的生产得到迅速发展。1903 年，M. Malzac 在法国进行了硫化物的氨浸研究。20 世纪 50 年代，加拿大、南非及美国采用碱法加压浸出铀矿实现了工业化。此外，加压浸出也用于钨、钼、钒、钛及其他有色金属的提取。

1927 年，F. A. Henglein 在德国进行硫化锌和氧气的加压反应研究。加压湿法冶金在重有色金属方面的应用研究可追溯到 20 世纪 40 年代后期。1947 年，为了寻找一种新工艺来代替硫化镍精矿熔炼，加拿大 British Columbia 大学的 Forward 教授进行加压浸出研究。在研究中发现，在氧化气氛下，镍和铜都可以直接浸出而不必预先还原焙烧。但真正走向工业化是在 20 世纪 50 年代。在这方面做出重大贡献的是加拿大舍利特公司，该公司成立于 1927 年，当时公司全称为舍利特高尔登矿业有限公司（Sherritt Gordon Mines Limited），1988 年改为舍利特高尔登有限公司（Sherritt Inc.），1995 年公司分成两部分，其中仍从事矿业的公司称为舍利特国际公司（Sherritt International Corporation）。

舍利特高尔登矿业有限公司 1954 年期间发展了舍利特氨浸法（Sherritt Ammonia Leach Process），1954 年在萨斯喀切温（Fort Saskatchewan）建立了第一个生产厂，最初工厂主要处理林湖矿区产出的铜镍硫化矿，后因原料不足，也处理美国国家铅公司产出的镍钴氧化焙砂和镍锍。它的生产能力已从最初的 7700t/a 镍增加到 24900t/a 镍。浸出为两段，第一段浸出温度为 85℃。压力为 830kPa。第二段温度为 80℃，压力为 900kPa。从第一段浸出产出的溶液送去蒸氨除铜，除铜后液进行氧化水解生产硫酸铵肥料。产品为镍粉，以氢还原方式产出。这个厂至今仍

在继续生产。该厂 20 世纪 50 年代研制的卧式多室高压釜迄今仍
被广泛采用。

　　1969 年，澳大利亚的西方矿业公司克温那那厂（Western
Mining at Kwinana, Western Australia）也采用了加压氨浸，该厂
位于澳大利亚西海岸，距佩斯 23km。精炼厂的原料有镍精矿和
高镍锍。公司的矿山和选厂在肯佰尔达（Kambalda），距熔炼厂
所在地卡尔古利（Kalgoorlie）56km，精矿用火车运至克温那那
精炼厂。镍锍产自卡尔古利熔炼厂的闪速炉。1970 年 5 月投产
时的设计能力是年产镍 1500t。1975 年工厂又经扩建，精炼厂的
生产能力为每年产出 3 万 t 高纯镍粉和镍块，此外还有 3500t 铜
硫化物、1400t 镍钴混合硫化物和 15 万 t 硫酸铵。1985 年之后，
该厂改为全部处理镍锍、高镍锍和闪速炉的镍锍，这样的变化是
有明显好处的，生产能力增加，能耗下降。产出的渣量也大大降
低。为了适应处理镍锍，将两段浸出变为三段浸出，增加的第一
段浸出用来溶解合金相中的镍，此时所需的氧量不高。三段浸出
增加了氧的利用率。

　　酸性介质中的加压浸出在此期间也得到迅速的发展。20 世
纪 50 年代在美国建立了两座处理钴精矿的加压浸出工厂，一座
建在美国 Utah 州的 Garfield，用于处理爱达荷州的 Blackbird 矿产
出的钴精矿，加压浸出的温度为 200℃。另一座建在 Missouri 州
的 Fredericktown，用于处理镍钴铜硫化物精矿。60 年代由于钴价
下跌，这两个厂都亏损而关闭。50 年代的第 4 座加压浸出工厂
是建设在美国镍港，处理古巴毛阿湾工厂所产的 Ni-Co 硫化物精
矿。该厂 1959 年建成，后来由于没有原料供应而停产。1974
年，阿麦克斯公司（Amax）将其作为含钴镍锍的精炼厂。

　　60 年代舍利特高尔登公司对加压浸出进行了更加深入的研
究，并建立了中间试验厂。研究了各种镍钴混合硫化物、镍锍和
含铜镍锍的处理。1962 年第 1 个处理含铜镍锍的加压浸出工厂
在英帕拉铂公司（Impala Platinum）建成之后，南非的其他铂族
金属（PGM）生产也相继建立。前苏联的诺里尔斯克矿冶公司

(Norilsk Mining and Metallurgy Corporation （NMMC）) 采用加压酸浸从磁黄铁矿精矿中回收镍、钴、铜。

70 年代加压酸浸的最大进展是在锌精矿的处理方面。舍利特高尔登公司的研究表明，采用加压酸浸—电积工艺比传统的焙烧—浸出—电积流程更经济。加压浸出的突出优点是精矿中的硫转化成元素硫，因而锌的生产不必与生产硫酸联系在一起。1977 年，舍利特与科明科（Cominco）公司联合进行了加压浸出和回收元素硫的半工业试验。1981 年在特雷尔（Trail）建立了第一个锌精矿加压酸浸厂。1983 年建立了第二个锌精矿加压浸出厂——梯明斯厂（Timmins）。1991 年，德国的鲁尔锌厂（Ruhr-Zink）建成投产。1993 年，加拿大哈得逊湾矿冶公司（Hudson Bay Mining and Smelting Co. Limited）建成了第四座锌精矿的加压浸出工厂投产，也是第一座两段加压浸出硫化锌精矿的工厂。2002 年，哈萨克斯坦引进加拿大科明科加压浸出技术，在巴尔哈什建设了年产 11.5 万 t 电锌的加压浸出工厂，2003 年建成投产。2004 年中国云南冶金集团总公司自主开发，在云南永昌铅锌股份有限公司建设投产了年产 10000t 电锌的加压浸出工厂。

20 世纪 80 年代加压浸出技术在有色冶金中的进展引人注目的是用于难处理金矿的预氧化方面。用加压预氧化难处理金矿工艺代替焙烧，大大改善了矿石的氰化浸出，并彻底消除了焙烧产生的烟气污染。特别是对那些金以次显微金形式存在、包含在黄铁矿的晶格之中、一般方法难以解离出来的矿石，加压预氧化显示了广阔的应用前景。截至 1994 年，至少有 11 个采用加压酸浸或碱浸的工厂投产。1985 年，位于美国 California 州的 Mclaughlin 金矿是世界上第一个应用加压氧化处理金矿的工业生产厂。该厂是在酸性介质中加压氧化，日处理硫化矿 2700t，这个厂的建设对以后其他采用该工艺的厂具有重要的指导作用。随后，有巴西的 San Bento 厂、美国的 Barrick Mercur 金矿、Getchell 金矿、Goldstrike 等预氧化工厂相继投产。

Mclaughlin 金矿矿石平均含金为 5. 21g/t，金与细粒硫化物共生，呈浸染状。主要硫化物是黄铁矿，少量黄铜矿、闪锌矿和辰砂。建厂前曾试验过矿石直接氰化浸出、精矿焙烧后再氰化、氯气氧化后氰化、硫脲法等，但提金效果都不佳。采用酸性介质加压氧化处理后，再经氰化浸出和活性炭吸附，氰化尾渣含金 0. 3g/t，金浸出率 92%。

矿石在矿山磨到 80% ‒75μm，调制成含固体 40% ~50% 的矿浆，然后泵送到距矿山 7.5km 的提金厂。先与逆流洗涤返回的溶液混合，利用加压氧化段产生的酸分解碳酸盐矿物。经过不锈钢制作的搅拌槽酸化处理后，然后在 φ16.8m 的浓密机中脱水，底流用离心泵送入二级直接接触的喷溅—闪蒸钛制热交换器，再经 Geho 隔膜泵将热矿浆泵入压力釜中，矿石含硫 3%，将蒸汽喷入压力釜中，维持釜内所必需的温度使硫全部氧化。矿浆进入压力釜时的温度为 90~110℃，pH 值为 1.8~1.9。φ4.2m ×16.2m 的衬砖压力釜分为四室，每室设有用钛轴和陶瓷叶片制成的搅拌桨。保持矿浆的温度为 160~180℃，氧分压为 0. 14~0. 28MPa，利用矿石中的硫化物反应热来维持釜内温度，当矿石硫含量低时，需喷入蒸汽。氧气喷入压力釜中，氧化 90min 后。加压氧化后的矿浆排入闪蒸槽，经两段逆流洗涤，矿浆用石灰乳中和，使 pH 值达到 1.8。然后用氰化浸出工艺处理。

我国的研究人员在加压湿法冶金方面也做了大量研究工作。针对东川汤丹难选氧化铜矿，选矿回收率低，而且含较高的碱性脉石（CaO、MgO），中国科学院化工冶金研究所陈家镛等从 1958 年起开展了长期的研究，先试验了加压氨浸—浸出液蒸氨制取氧化铜工艺。1978~1979 年进行了 100t/d 的中间厂试验，氧化铜的实际回收率为 72. 2%。铜的回收率低，氨的消耗大。1970 年起开展氨浸—硫化—浮选工艺的研究，1981 年进行了 3. 5t/d 的试验，浮选的精矿品位 18. 2%，铜的总回收率 85. 6%。陈家镛等研究了方铅矿在含 NH_3 的介质中加压条件下的碳酸盐转化脱硫技术，并在 20 世纪 80 年代进行了工业试验。

20 世纪 70 年代中期，株洲硬质合金厂就开始研究辉钼矿的加压氧浸工艺，80 年代中期投入工业生产，目前工业生产中采用容积为 $3m^3$ 衬钛板的高压釜进行压煮，钼分解率达 95% ~ 99%，铼浸出率 100%。株洲钼钨材料厂开发出了辉钼矿 NaOH 溶液加压浸出技术。

1993 年，我国第一次采用加压浸出处理高镍锍的工厂——新疆阜康冶炼厂建成投产。新疆喀拉通克铜镍矿是近年来我国发现的含铂族金属的硫化铜镍矿。1989 年北京矿冶研究总院、新疆有色金属公司及北京有色冶金设计研究总院合作对喀拉通克铜镍矿所产的高镍锍进行了选择性浸出——加压酸浸试验研究。1992 年在北京建立了日产电镍 150kg 的半工业试验装置，1993 年 5 月完成了半工业联动试验。工业性生产厂建在距乌鲁木齐市 78km 的阜康市，规模为年生产镍 2000t。冶炼厂于 1990 年开始设计，1991 年正式新建，1993 年 10 月投入生产。

阜康冶炼厂采用一段常压和一段加压。高镍锍用汽车运至磨矿工段，磨细后的高镍锍经浆化后泵入 8 个 $\phi 2.35m \times 3m$ 的机械搅拌常压浸出槽，常压浸出后的矿浆经过浓密，溢流经过压滤后，进入黑镍除钴—镍电积工序处理。浓密底流用高压隔膜泵送入压力釜中进行加压浸出，加压浸出矿浆经固液分离后，浸出液返回一段浆化，浸出渣几乎富集了矿石中全部的铜和铂族金属。铜渣及所含的铂族金属和除钴渣另行处理。

同哈贾瓦尔塔镍精炼厂的工艺流程相比，阜康冶炼厂采用水淬金属化高镍锍球磨—两段逆流选择性浸出（一段常压、一段加压）—黑镍除钴—镍电积工序处理工艺流程有了重大改进，较好的解决了铜镍分离问题，省去了镍电解沉积的脱铜工序。镍锍中的铜、铁、硫及贵金属全部保留在含镍小于 3% 的终渣里，获得纯净的镍钴浸出液，实现了铜镍的深度分离。在较低浸出温度（423 ~ 433K）与压力（0.8MPa）下获得了令人满意的选择性浸出效果。制备黑镍的电氧化槽不管是电极材料或槽体结构都有特色，电氧化槽的电流效率与国外同类工厂相比提高了 10% ~ 20%。该厂的投产标志着我国加压酸浸技术的产业化奠定了坚实的基础。

吉林镍业公司采用加压浸出生产工艺。金川集团公司采用该技术正在建设年产 4 万 t 镍的工厂。

随着我国综合国力的增强，相关学科的快速发展必将加快加压浸出技术在重有色金属提取方面的发展，应用的领域会更加广阔，加压浸出工艺在 21 世纪将使湿法冶金进入一个崭新的时代。表 2-2 列出了重金属加压湿法冶金的工厂。

表 2-2　世界知名重金属加压湿法冶金工厂

序号	公司或厂名	原料和种类	设计能力 /t·d⁻¹	投产日期/a
1	加拿大　萨斯喀切温	硫化镍精矿、镍锍	2.49 万 t/a(镍)	1954
2	美国　加菲尔德	钴精矿		已关闭
3	美国　弗雷德里克	Cu-Ni-Co 硫化物		已关闭
4	美国　阿马克斯镍港精炼厂	古巴毛阿 Ni-Co 硫化物、含钴镍锍		1954、1974 改建
5	古巴　毛阿镍厂	含镍红土矿		1959
6	芬兰　奥托昆普公司哈贾尔塔	硫镍	(产镍)17000t/a	1960
7	澳大利亚　西方矿冶公司克温那那	镍锍	(镍粉)30000t/a	1969
8	南非　吕斯腾宝精炼厂	含铜镍锍	125	1981
9	南非　英帕拉铂公司	含铜镍锍		1969
10	加拿大　科明科公司特雷尔厂	锌精矿	(处理精矿)188	1981
11	加拿大　梯明斯厂	锌精矿	(处理精矿)100	1983
12	南非　西部铂厂	含铜镍锍	12	1985
			10	1991
13	美国　麦克劳林	金矿	2700	1985
14	巴西　圣本托	金精矿	240	1986
15	美国　巴瑞克梅库金矿	金矿	180	1988

序号	公司或厂名	原料和种类	设计能力/ t·d⁻¹	投产日期/a
16	美国 格切尔金矿	金矿	2730	1989
17	南非 巴甫勒兹铂厂	含铜镍锍	3	1989
18	美国 巴瑞克哥兹采克	金矿	1360	1990
19	美国 巴瑞克哥兹采克	金矿	5450	1991
20	巴布亚新几内亚 波格拉金矿	金精矿	1350	1991
21	南非 诺森铂厂	含铜镍锍	20	1991
22	德国 鲁尔锌厂	锌精矿	300	1991
23	加拿大 坎贝尔金矿	金精矿	70	1991
24	巴布亚新几内亚 波格拉金矿	含金黄铁矿	2700	1992
25	巴布亚新几内亚 里尔厂	金精矿	90	1992
26	中国 新疆阜康冶炼厂	含铜镍锍	（产镍） 2000t/a	1993
27	美国 巴瑞克哥兹采克	金矿	11580	1993
28	加拿大 哈德逊湾矿冶公司	锌精矿、铅精矿	（处理精矿）21.6t/h	1993
29	希腊 奥林匹亚斯金矿	含金砷黄铁矿	315	1994
30	巴布亚新几内亚 里尔厂	金矿	13250	1994
31	哈萨克斯坦 巴尔哈什	锌精矿	115000t/a	2003
32	中国 云南冶金集团	锌精矿	10000t/a	2004

2.3 国外硫化锌精矿加压浸出技术的发展

自从1881年进行湿法炼锌的第1个半工业性试验，到1916年湿法炼锌工艺正式投入工业生产,此后,湿法炼锌就迅速地不断发展，直到1968年锌中性浸出渣采用热酸浸出—黄钾铁矾代替传统的回转窑挥发法，由于湿法炼锌的优势而迅速超过了火法炼锌,在锌冶炼工业中占绝对优势。所谓湿法炼锌,其实是包含了硫化锌精矿的焙烧作业(如图2-3所示)的部分湿法炼锌。锌精矿的加压浸出技术是 Sherritt Gordon 公司在20世纪50年代后期首先提出的,最初的试验是在低于硫的熔点下进行,到70年代发现在添加表面活性剂的情况下可以在高于硫的熔点温度下浸出，这就使反应速度大为提高。1973 年 8 月，硫化锌精矿的直接加压浸出在美国正式申报专利，1975 年 2 月获得专利授权。1977 年科明科公司和 Sherritt Gordon 公司联合进行了日处理 3t 的中间工厂试验，Sherritt Gordon 公司的研究表明，采用加压酸浸—电积工艺比传统的焙烧—浸出—电积流程更经济、流程更简洁，如图 2-2、图 2-3 所示。

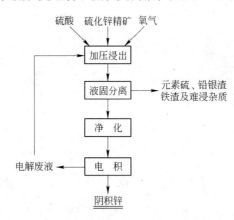

图 2-2　硫化锌精矿加压浸出—电积工艺原则流程

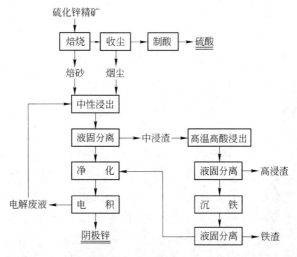

图 2-3　硫化锌精矿的焙烧—浸出—电积原则流程

　　1981 年加压浸出处理锌精矿成功地应用于工业生产之后，才实现真正意义上的全湿法炼锌。Sherritt Gordon 公司的锌精矿加压浸出流程非常简单，在压力釜中形成的加压状态下，锌精矿中的硫化锌在废电解液中与氧作用生成硫酸盐和元素硫，而黄铁矿氧化直接生成硫酸根。锌精矿加压浸出的效率高，适应性好，与传统的炼锌方法比，具有工艺流程简洁、环境友好、伴生金属的综合回收利用程度高、工艺灵活等特点，对于硫酸过剩或交通不变的边远地区，其优点尤为突出。

　　第二个锌加压浸出工厂是加拿大的梯明斯厂。高压釜日处理 100t 精矿，用低酸作业，铁以黄钾铁矾、碱式硫酸铁和水合氧化铁沉淀，该厂于 1983 年投产。第三个采用加压浸出的工厂是 1991 年投产的德国鲁尔锌厂。在他们的流程中，铁以赤铁矿分离并卖给水泥厂和制砖厂作原料，高压浸出每日处理 300t 精矿，采用高酸度作业，以免铁在浸出中成黄钾铁矾或水合氧化物沉淀。其副产品是元素硫和 Pb-Ag 精矿。1993 年 7 月，哈德逊湾矿冶公司为了达到政府的环保要求，建设了世界上第 1 个二段加压的锌冶炼厂。2002 年哈萨克斯坦引进加拿大 Cominco 加压浸出技术，在巴尔哈什建设了年产 11.5 万 t 的湿法炼锌厂，2003 年第四季度已经投产。

2.4　国内硫化锌精矿加压浸出技术的发展

　　1983 年初开始，北京矿冶研究总院利用株洲冶炼厂当时工业生产所使用的锌精矿，在试验室 2L 高压釜内进行了加压酸浸小型试验及选矿分离元素硫的探索试验。1984 年 10 月，提交了"锌精矿氧压酸浸新工艺 2L 高压釜试验研究报告"，"锌精矿氧压酸浸新工艺 10L 高压釜扩大试验研究报告"，"锌精矿在氧压酸浸过程中的相变研究及有关影响因素的探讨"。

　　1985 年，由株洲冶炼厂、北京矿冶研究总院和长沙有色冶金设计研究院组成联合攻关组，进行 300L 高压釜扩大试验，重点考查和验证添加剂用量、酸锌摩尔比、时间及温度、压力对浸出过程的影响，对多元素走向、硫酸平衡、体积平衡、氧气消耗和浸出渣物相及过滤性能等进行了考查和讨论。并于当年底提交了加压浸出试验报告。

1986年9月，由株洲冶炼厂、北京矿冶研究总院等单位的研究人员组成的考察组赴加拿大实地考察了第一家在工业生产上应用锌精矿氧压浸出工艺的Cominco有限公司所属的Trail冶炼厂和第二家采用本工艺的Timmins冶炼厂，并参观了压力浸出工艺的开发基地——Sherritt Gordon Mines Ltd. 和Trail试验研究中心。并与加拿大的锌精矿氧压浸出工艺的开发和主要试验研究人员就氧压浸出工艺进行技术交流。

1987年，中国科学院化工冶金研究所进行了以硝酸为氧化剂，硝酸浓度为9g/L左右的锌精矿催化氧化直接工艺的研究，温度在硫熔点以下，氧分压为0.2~0.4MPa，试验规模为2L压力釜，浸出时间3h，锌浸出率达到95%。

1999年，云南冶金集团总公司、中国科学院化工冶金研究所对含铁15.81%的以铁闪锌矿为主的高铁硫化锌精矿进行了添加硝酸的催化氧化加压酸浸试验，在温度100℃温度下浸出5h，锌浸出率97.8%，铁浸出率60.6%。扩大试验也获得了相似的结果。为了简化硝酸回收和再生流程，进行了不加硝酸的补充试验，获得与添加硝酸时相近的试验指标。2002年1月，完成了3.24m³高压釜的半工业连续加压浸出试验。浸出温度为100~104℃，浸出压力为0.55MPa，停留时间为4.7~5.5h。平均渣率为59.3%、锌浸出率为93.12%、铁浸出率为30.69%、元素硫转化率为71.35%，银在渣中的分布率为86.81%，铅在渣中的分布率为75.69%。

2002年，为了满足工业生产的需要，缩短浸出时间，降低成本，云南冶金集团总公司重新进行了温度高于硫熔点、压力1.2MPa的高铁硫化锌精矿直接加压酸浸小型试验和半工业试验研究，小型试验规模为10L压力釜，并对低铁锌精矿进行验证试验。2003年初，完成了3.24m³高压釜的半工业连续加压浸出试验。对于高铁锌精矿原料，在含锌品位低，浸出渣量大的情况下，两段浸出的综合锌浸出率达到了 96%，铁的浸出率为 15.2%，较好地实现了锌、铁分离。产出的低残酸、低杂质的浸出液可用常规沉铁工艺净化处理。

对低铁锌精矿原料进行一段浸出工艺研究，可用加压浸出工艺与传统工艺进行有机的结合。低铁锌精矿由于锌品位高，铁含量低，渣量小，获得的浸出指标优于传统湿法炼锌工艺，锌浸出率达到98.1%、铁浸出率37.9%、元素硫转化率79.93%，加上工艺简洁，可以按照试验指标尽快产业化。以此为依据设计的年产 1 万 t 电锌的一段加压浸出—电积工业生产流程 2004 年 12 月在云南冶金集团总公司所属云南永昌铅锌股份有限公司建成投产。这是我国加压湿法冶金发展的一座重要里程碑。

3 硫化锌精矿的物理、化学性质

3.1 硫化锌精矿的物理、化学性质

在自然界中，锌矿物有 58 种，主要锌矿物只有 13 种，其中有工业意义的锌矿物 7 种。锌冶炼的原料有锌矿石中的原矿和锌精矿，也有冶炼厂产出的次生氧化锌烟尘。按原矿石中所含的矿物种类可分为硫化矿和氧化矿两类。在硫化矿中锌呈 ZnS 或 $nZnS \cdot mFeS$ 状态。氧化矿中的锌多呈 $ZnCO_3$ 和 $Zn_2SiO_4 \cdot H_2O$ 状态。自然界中锌矿石最多的还是硫化锌矿，氧化锌矿一般是次生的，是硫化锌矿长期风化的结果，故氧化锌矿常与硫化锌矿伴生，但世界上也有大型独立的氧化锌矿，如泰国的 Pa Daeng 矿、巴西的瓦赞提矿、澳大利亚的 Beltana 矿、伊朗的 Anqouan 矿等。锌的硫化矿一般具有良好的选矿加工性能，而锌的氧化矿的选矿至今仍是世界性的难题，选矿技术经济指标不如硫化锌矿。目前，全世界所产的锌金属绝大部分是从硫化矿选矿产出的硫化锌精矿中冶炼出来的，很少一部分是从氧化矿中提取的。

锌主要以硫化物形态存在于自然界，部分经过长期风化形成次生氧化矿，大部分锌与铅共生，除含锌、铅外，还常含有铜、铁、锡、镉、银、金、铟、锗、砷、锑等其他有价成分。硫化矿石易于选矿，硫化锌精矿通常是锌的硫化矿物通过选矿富集后得到精矿产品，在硫化矿中锌呈 ZnS 或 $nZnS \cdot mFeS$ 状态。

锌精矿粒度绝大部分小于 0.1mm，最大粒度不超过 0.35mm，含水 8% ~ 10%，密度 4.2 ~ 4.8 t/m^3，堆积密度 1.70 ~ 1.86t/m^3。经选矿得到的精矿中含锌量一般在 40% ~ 60% 之间，含铁量在 20% 以下，并根据不同的矿床类型含有其他杂质成分。我国的锌精矿质量标准（YB114—1982）可见表 3-1。国内外一些选矿厂生产的硫化锌精矿的化学成分可见表 3-2。

表 3-1　锌精矿质量标准（YB114—1982）

品 级	锌(不小于)/%	杂质（不大于）/%					
		Cu	Pb	Fe	As	SiO₂	F
一级品	59	0.8	1.0	6	0.2	3.0	0.2
二级品	57	0.8	1.0	6	0.2	3.5	0.2
三级品	55	0.8	1.0	6	0.3	4.0	0.2
四级品	53	0.8	1.0	7	0.3	4.5	0.2
五级品	50	1.0	1.5	8	0.4	5.0	0.2
六级品	48	1.0	1.5	13	0.5	5.5	0.2
七级品	45	1.5	2.0	14	协议	6.0	0.2
八级品	43	1.5	2.5	15	协议	6.5	0.2
九级品	40	2.0	3.0	16	协议	7.0	0.2

表 3-2　国内外一些典型的硫化锌精矿的化学成分

产 地	成分/%								成分/g·t⁻¹					
	Zn	Pb	Fe	As	SiO₂	S	Cu	Cd	Ag	In	Ge	Sn	F	Sb
大　新	58	0.8	4.5	0.014	4.56	30.5	0.09	0.4	62	53	60	<50	50	100
厂　坝	55	1.4	4.5	0.057	5.22	33	0.2	0.29	37	20	<5	50		110
青城子	53.5	0.8	7.5	0.16	1.8	31.5	0.4	0.35	274	65	6	300	110	90
会　泽	52.36	2.11	8.25	0.15	2.0	30.1	0.18	0.36	63		110		<100	
柴　河	48	1.8	5.0	0.53	1.42	27	0.12	0.38	153	3	11	<50	<100	80
大　厂	46.5	1.03	12.3	0.7	1.5	31.7	0.53	0.35	302	670	5	4200	210	4550
黄沙坪	44.24	0.6	16	0.2	1.83	31.9	0.55	0.21	60	1		630		<10
凡　口	43.0	2.5	10.5	0.1	5.92	32.0	0.09	0.1	469	<3	61	52	100	<20
都　龙	40.2	3.14	15.8	0.64	1.38	28	0.37	0.31	148	340		1550	2200	170
澜　沧	40.49	3.4	15.2	0.55	2.42	32.97	0.66	0.21	225			200	230	
白牛厂	40.8	1.0		0.48		27.71			347			3300		
Timmins	51	0.38	10		0.28	33		0.28	45					
Sullivan	49	4	11			30								
Red-Dog	58.5	2	4		32.5									

表 3-3 为全国主要锌矿山锌精矿产量,在 1986 ~ 1995 的 10 年间,精矿产量的年增长率大约为 10%。1998 年,广西的锌精矿产量居全国第一,达到 26.85 万 t(金属);云南锌精矿的产量为 19.86 万 t(金属),居全国第二;甘肃锌精矿的产量为 15.4 万 t(金属)。

表 3-3　全国主要锌矿山锌精矿产量（含锌量, kt）

企　业	1986 年	1987 年	1988 年	1989 年	1990 年	1991 年	1992 年	1993 年	1994 年	1995 年
凡口铅锌矿	70.10	82.10	89.86	92.82	84.80	100.04	92.16	71.85	88.42	84.24
锡铁山矿务局		16.50	19.30	22.70	20.60	17.40	25.10	26.90	34.86	38.73
大厂矿务局	6.90	7.02	9.91	8.27	10.85	11.77	13.25	19.02	23.98	28.12
白银公司	5.20	5.43	8.02	25.28	25.88	27.80	33.85	39.14	39.95	26.39
广西龙泉矿冶总厂							12.00	15.00	27.55	21.12
黄沙坪铅锌矿	21.66	23.06	21.28	21.16	21.23	22.76	21.90	20.32	20.83	19.73
水口山铅锌矿	16.12	13.47	8.15	9.82	11.82	12.67	11.95	9.22	13.63	16.95
泗顶铅锌矿	14.36	12.98	15.33	9.24	8.81	14.46	15.25	17.14	16.47	16.36
四川会东铅锌矿	6.15	6.77	7.02	9.60	10.93	13.37	13.05	13.15	13.05	15.00
四川会理铅锌矿	4.88	4.98	4.64	4.68	7.19	9.53	9.87	9.58	11.32	12.00
红透山矿务局	4.42	5.63	7.46	8.07	10.09	9.65	11.12	7.62	8.49	8.81
西林铅锌矿	8.72	9.66	9.39	9.91	9.53	9.48	9.95	10.93	11.78	8.45
广西环江化达厂								1.07	9.65	8.20
南京栖霞山铅锌银矿	2.54	2.63	2.56	2.39	2.61	3.64	4.43	5.67	7.94	8.00
桃林铅锌矿	13.59	11.70	10.70	11.06	13.19	11.35	12.89	8.85	8.49	7.53
天宝山铅锌矿	8.18	9.23	9.13	8.54	8.76	9.05	8.26	5.54	6.08	5.38
云南会泽铅锌矿	9.36	20.78	24.52	28.43	33.90	36.19	20.77	24.77	30.54	
广西岛坪铅锌矿									9.14	
全国总计	395.66	458.20	527.54	620.38	763.11	749.84	758.10	775.36	990.29	

在矿山总数超过 250 个的西方国家，年产 10 万 t 含锌精矿以上的矿山也不足 20 个。这些大矿山 1999 年总的开采量有 220 万 t 含锌精矿，其中 23.86% 来自最大的矿山 Red-Dog，达到 52.5 万 t，1999 年整个西方矿山开采 588 万 t 含锌精矿。

国外矿山工程在许多公司的操作管理下迅速发展。Pasminco 公司和 Cominco 公司都制定了开发矿山的策略以满足公司冶炼厂的需求。Cominco 公司在阿拉斯加的 Red-Dog 矿和 Pasminco 公司在澳大利亚的 Century 矿都将进一步扩大生产规模，随着 Century 矿的达产，从大矿山开采的锌矿的比例进一步提高。2003 年，西方国家 650 万 t 含锌精矿中，Red-Dog 矿和 Century 矿占 105 万 t。

3.2 铁对硫化锌精矿冶炼的影响

从表 3-2 中可知硫化锌精矿的铁含量变化范围大，一方面，铁以独立的硫化矿物，如黄铁矿、磁黄铁矿和复杂硫化铁矿形态存在，但由于嵌布粒度细、与锌矿物紧密共生、与锌矿物浮选特性差异小，而导致选矿过程中锌铁矿物不能完全分离。从理论上讲，这种铁矿物只要磨矿粒度足够细，将这部分独立的铁矿物分离是可能的，但从经济成本和工业化规模生产的角度来看，将这部分铁矿物彻底分离是不现实的，因此，绝大部分硫化锌精矿都含有铁，但总体上含铁量不高。

闪锌矿的化学式为 ZnS，在理论上 Zn^{2+} 和 S^{2-} 的比例为 1:1。但自然界产出的闪锌矿中，由于 Fe^{2+} 的半径为 0.08nm，Zn^{2+} 的半径为 0.083nm，两种质点的半径差率 $\Delta r = 3.75\%$，远小于能以任何比例形成完全类质同象的半径差率 15%。另外，Fe^{2+}、Zn^{2+} 的电价都为两价。使铁以类质同象形式取代闪锌矿晶格中的锌原子，形成了含铁的闪锌矿，同样，Cd^{2+}、Mn^{2+} 也会发生类似的取代。因此，不同产地的闪锌矿中，铁、镉、锰的含量常不相同，当闪锌矿中含有这些元素时，锌的含量就低于理论值。对含铁量不同的闪锌矿研究之后发现，闪锌矿随含铁量的增加，它的性质和晶胞的大小都发生规律性的变化，见表3-4。颜色由浅变深，密度由大变小，晶胞由小变大等。这些现象说明，铁等成分在闪锌矿中不是无规律的机械混入物。利用X射线对纯度不同的闪锌矿进行分析的结果证明，不论闪锌矿中有无铁、锰、镉等成分，或其含量多少，闪锌矿的晶格构造型式不变，只是晶胞大小发生微小变化。由此可知，自然界产出的闪锌矿中 Zn^{2+} 的含量低于理论值，是因为 Fe^{2+}、Cd^{2+}、Mn^{2+} 等离子进入晶格，取代了 Zn^{2+} 的位置的结果。也就是说，由 Zn^{2+}、Fe^{2+} 等质点与 S^{2-} 所组成的晶体构造与单一由 Zn^{2+} 与 S^{2-} 所构成的晶体构造相同，成矿结晶时，少量的 Fe^{2+} 充当 Zn^{2+} 同时进入晶格，占据了部分 Zn^{2+} 应占的位置，如图3-1所示。铁的最高替代量可达26%（质量），相当于45%（分子数）的 FeS，通常称为铁闪锌矿 [$(Zn \cdot Fe)S$]。这部分铁是不能从锌精矿中通过物理的分离方法脱除。表3-5列出了广西大厂100号矿体和云南都龙的铁闪锌矿单矿物化学分析表。

表3-4　铁的含量对闪锌矿性质的影响

性　　质	FeS 的质量分数/%			
	0. 16	10. 31	18. 25	26. 25
颜　色	无色	棕黑色	黑色	铁黑色
条　痕	白色	黄褐色	褐色	
透明度	透明	半透明	薄片下透明	
光　泽	金属光泽		半金属光泽	
晶胞大小 α_0	5. 423	5. 432	5. 442	5. 450
密　度	大 ——————————————————→ 小			

表3-5　铁闪锌矿单矿物化学分析

产　地	成分/%								
	Zn	Fe	S	Pb	Cu	Cd	Sn	In	Sb
大　厂	53. 05	12. 15	33. 71	0. 14		0. 41	0. 017	0. 134	0. 08
都龙1	58. 00	9. 90	30. 98		1. 50	0. 05		0. 16	
都龙2	54. 09	14. 33	31. 32			0. 02		0. 17	

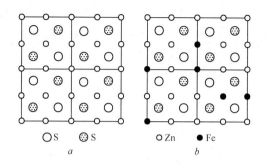

图 3-1　闪锌矿构造中 Fe 的类质同象

a—ZnS 构造之（001）；b—（Zn，Fe）S 构造之（001）

从硫化锌精矿中提取锌，无论采用火法炼锌、鼓风炉炼锌或沸腾焙烧——浸出的湿法炼锌工艺，都需要预先经过焙烧处理，使焙烧产物适合下一步冶炼的要求。硫化锌精矿中的铁矿物在焙烧过程中将发生如下反应。

在低温下进行焙烧时，硫铁矿将转变为硫酸盐，初生硫酸盐温度较低，在 673K 以上反应就能迅速进行：

$$FeS + 2O_2 \Longrightarrow FeSO_4$$

除生成低价铁盐外，还能形成高价铁盐。高价铁盐在强氧化气氛和 673 ~ 773 K 以上的温度条件下生成，如果氧化气氛不强和温度较低，则只会生成硫酸亚铁：

$$2FeSO_4 + SO_2 + O_2 \Longrightarrow Fe_2(SO_4)_3$$

$$4FeO + O_2 \Longrightarrow 2Fe_2O_3$$

$$2SO_2 + O_2 \Longrightarrow 2SO_3$$

$$Fe_2O_3 + 3SO_3 \Longrightarrow Fe_2(SO_4)_3$$

无论是硫酸亚铁还是硫酸铁，在 773 ~ 873 K 时，热离解生成 Fe_2O_3，并以很快的速度进行。在 973K 时，离解压达到 101kPa。

黄铁矿和磁黄铁矿在加热时分解为硫化铁和硫蒸气，硫化铁又发生前述的反应，生成 Fe_2O_3，在高温下，Fe_2O_3 是一个酸性氧化物，它能与各种碱性氧化物结合。而锌矿物焙烧形成的氧化锌是一种两性化合物，在高温下碱性占优势，因而能和氧化铁按下式反应形成铁酸锌：

$$ZnO + Fe_2O_3 \Longrightarrow ZnO \cdot Fe_2O_3$$

由于氧化锌和三氧化二铁这两种氧化物的熔点都很高，因此两种化合物相互作用生成铁酸锌的反应是在两个固相之间进行，而氧化物的生成是通过硫酸盐分解或硫酸盐与硫化物的相互反应产生的，所析出的氧化物具有很大的活性和反应能力。氧化锌与氧化铁高温下生成铁酸锌热力学计算结果见表 3-6。

表 3-6　氧化锌与氧化铁高温下生成铁酸锌热力学

温度/K	573	673	773	873	973	1073	1173	1273
反应平衡常数	4.469	3.627	2.995	2.493	2.080	1.758	1.535	1.381

在生产实践中，锌精矿的焙烧温度大多数控制在 1173 ~ 1223K，从表 3-6 中的铁酸锌反应平衡常数判断，在工业焙烧条件下，反应平衡常数大于 1，铁酸锌的形成反应将以较快速度进行。这意味着在正常生产条件下，只要硫化锌精矿中含有铁矿物，焙烧过程中形成铁酸锌是不可避免的。

铁酸锌在晶格结构上属于等轴晶系尖晶石矿物，因而 $ZnO \cdot Fe_2O_3$ 在矿物学上称为锌铁尖晶石。铁酸锌的熔点为 1590℃，由于尖晶石类矿物内的氧离子呈紧密堆积状态。因而所有尖晶石的晶格都具有相当大的稳定性，经 Outokumpu 专用软件计算，铁酸锌在 300 ~ 1000℃ 范围内的自由能都为负值，证明了铁酸锌不溶于稀硫酸溶液，所以，湿法炼锌的酸浸工艺不能使包裹在铁酸锌中的锌浸出，导致渣含锌高，有资料测算，焙烧矿中铁品位增加 1 个百分点，渣中不能低酸浸出的锌增加 0.6 个百分点。表 3-7 列出了云南都龙锌锡矿高铁锌精矿工业沸腾炉氧化焙砂 X 衍射的锌、铁物相分析结果。

表 3-7 工业沸腾炉氧化焙砂 X 衍射的锌、铁物相分析

物 相	ZnO	$ZnO \cdot Fe_2O_3$	Zn_2SiO_4	Fe_3O_4	SiO_2	其他
锌、铁的质量分数/%	43.96	39.83	8.21	≤1	≤2	5
锌分布率/%	69.3	21.2	9.5			
铁分布率/%		96.2		3.8		

对于含铁较高的硫化锌精矿，经焙烧—酸浸工艺处理后，还需要对酸浸渣作进一步处理，提高锌的总回收率，火法处理方案之一是以威尔兹法在高温（1100℃）下使浸出渣中的锌还原挥发出来并生产氧化锌粉。另一火法方案是使浸出渣进入鼓风炉炼铅系统，锌入渣后再用烟化炉挥发生产氧化锌烟尘。湿法处理的方案是在高温高酸条件下用热浓酸强制氧化溶解铁酸锌，锌的浸出率可高于95%，但同时铁的溶出率也高于95%，不能实现锌的选择性浸出，难以达到锌、铁分离的结果，即

$$ZnO \cdot Fe_2O_3 + 4H_2SO_4 \Longrightarrow ZnSO_4 + Fe_2(SO_4)_3 + 4H_2O$$

以上 3 种常用的酸浸渣处理工艺都存在只能得到锌的中间产品，要获得金属锌还需要后续工序处理，因此，流程复杂，成本高，经济效益和高的锌回收率难以同时得到保障。鉴于这些因素，各锌冶炼厂企业都对锌精矿中的铁进行严格限制，铁实在过高的精矿，采用合理配矿加以调节，保持工艺的稳定，但不能避免铁酸锌的形成。

4 硫化锌精矿的湿法冶金工艺

4.1 硫化锌精矿的沸腾焙烧

对于硫化矿，在常规湿法炼锌的过程中，首先要进行氧化焙烧，使硫化锌氧化成氧化锌：

$$2ZnS + 3O_2 = 2ZnO + 2SO_2$$

伴生在硫化锌精矿中的有价金属 Me（Cu、Cd 等），在焙烧过程中同时被氧化成金属氧化物：

$$2MeS + 3O_2 = 2MeO + 2SO_2$$

焙烧过程中产生的烟气含 SO_2，烟气经冷却、收尘后送制酸车间制酸，焙砂和烟尘送浸出工序。

硫化锌精矿的焙烧过程是在高温下借助空气中的氧进行的氧化焙烧。湿法炼锌厂焙烧硫化锌精矿广泛采用沸腾焙烧炉，沸腾焙烧的本质就是使空气自而而上地吹过固体炉料层，吹风的速度要达到固体炉料粒子被风吹动互相分离，并作不停的复杂运动，只要风速不超过一定限度固体粒子就在一定高度范围内运动，运动的粒子处于悬浮状态，其状态如同水的沸腾。因此称为沸腾焙烧。由于固体粒子可以较长时间处于悬浮状态，于是就构成了氧化各个矿粒最有利的条件，使焙烧过程大大强化。

沸腾焙烧的基础是固体流态化，1944 年，沸腾焙烧首先应用于硫铁矿的焙烧，以后开始应用到有色金属的焙烧。在炼锌工业中，从 1952 年开始采用沸腾焙烧技术。由于沸腾焙烧不仅提高产量与改进产品质量，而且还具有设备简单、易于控制等优点而快速被湿法炼锌工业采用。1957 年，我国第一座工业化的沸腾炉建成并投入生产。国内多数工厂采用带有加料前室的圆形沸腾炉。

湿法炼锌浸出前采用的沸腾焙烧称为低温硫酸化焙烧,在保证脱除绝大部分硫的同时,又要获得一定量的可溶硫,因此沸腾层的温度就不能像高温氧化焙烧那样高,根据锌精矿组成不同,一般采用 1123~1173K 较为适宜。温度对焙烧质量的影响可见表 4-1。低温硫酸化焙烧所得产物的化学分析结果列于表 4-2。国内外典型沸腾焙烧技术经济指标列于表 4-3。

表 4-1 焙烧温度对焙烧矿质量的影响

温度/K	过剩空气/%	焙烧矿成分/%			
		全 锌	可溶锌	全 硫	可溶硫
1103	18	55.14	49.65	3.11	1.66
1143	17.6	53.0	49.3	2.19	1.35
1173	18	56.7	53.2	1.74	1.21
1223	17	53.6	50.4	1.46	1.06
1273	17	54.5	51.3	1.30	0.94

表 4-2 低温硫酸化焙烧产物的化学分析 (%)

物料名称	Zn	可溶 Zn	S	可溶 S	Pb	Cd	Fe	SiO$_2$	可溶 SiO$_2$	As
焙砂	54.05	50.5	1.71	0.98	0.97	0.23	8.51	5.59	3.96	0.028
表冷尘	55.14	51.4	4.06	3.41	0.55	0.19	7.82	2.92	1.25	0.025
旋风尘	55.06	51.74	4.56	3.88	0.58	0.22	7.64	2.53	1.10	0.03
电收尘	53.35	50.1	7.14	6.64	1.23	0.35	6.74	2.10	0.75	0.10

表 4-3 国内外典型沸腾焙烧技术经济指标

冶炼厂	西北铅锌冶炼厂	日本饭岛	里斯敦
炉 型	鲁奇型	道尔型	鲁奇型
沸腾床面积/m^2	109	113	123
沸腾炉直径/m	11.78	12.00~12.23	12.55
反应空间高度/m		13.5	
鼓风量/m^3·min^{-1}	739	770	
风压/kPa	15.7~18.6	34.7	
沸腾温度/K	1223~1323	1253	1193±20
炉顶温度/K	1303~1400	1153	
处理精矿量/t·d^{-1}	603	450	800
烟气中 SO$_2$ 浓度/%	7~8.95		10~11

4.2　锌焙烧矿的浸出

　　硫化锌精矿经沸腾焙烧，所产出的锌焙砂和锌烟尘混合后称为锌焙烧矿，基本上以金属氧化物、脉石等组成的细粒物料。锌焙烧矿中的锌主要呈氧化锌、硫酸锌、铁酸锌、硅酸锌及硫化锌等形态存在，其他伴生金属铁、铅、铜、镉、砷、锑、镍、钴等也呈类似的状态。脉石成分则呈氧化物，如 CaO、MgO、Al_2O_3 及 SiO_2 形态存在。

　　锌焙烧矿用稀硫酸（即废电解液）溶剂浸出时，发生如下几类反应：

　　（1）硫酸锌及其他金属硫酸盐，它们直接溶解于水形成硫酸盐水溶液。硫酸锌在水中的溶解度受温度、酸度及其他金属硫酸盐浓度等因素的影响，在一般的工业生产条件下，硫酸锌在溶液中仍具有较高的溶解度，因而成为湿法炼锌的基本条件之一。

　　（2）氧化锌及其他金属氧化物，在稀硫酸的作用下，它们按下式溶解：

$$Me_nO + mH_2SO_4 = Me_n(SO_4)_m + mH_2O$$

　　锌原料中氧化锌的稀硫酸浸出反应的标准吉布斯自由能变化为：

$$\Delta G^\ominus = -66.208 \text{kJ/mol}$$

及
$$\lg K_a = \frac{-66.208 \times 1000}{-RT} = 11.6$$

$$K_a = \frac{aZn^{2+}}{aH^+} = 10^{11.6}$$

　　这说明系统在达到平衡状态后，H^+ 和 Zn^{2+} 两种离子浓度可相差很远，在 H^+ 浓度很小的情况下，可以允许很高的锌离子浓度，即在中性浸出终了，可将溶液酸度降到很低，为除去砷、铁等杂质创造条件。

其他金属氧化物、铁酸盐、砷酸盐、硅酸盐在酸浸过程中溶解平衡标准pH（标准状态下）列于表4-4。由表4-4中的平衡标

表4-4　金属氧化物、铁酸盐、砷酸盐、硅酸盐酸溶平衡

酸　溶　反　应	平衡标准 pH（标态下）		
	25℃	100℃	200℃
$SnO_2 + 4H^+ = Sn^{4+} + 2H_2O$	-2.102	-2.895	-3.55
$Cu_2O + 2H^+ = 2Cu^+ + H_2O$	-0.8395	-1.921	
$Fe_2O_3 + 6H^+ = 2Fe^{3+} + 3H_2O$	-0.24	-0.9998	-1.579
$Ga_2O_3 + 6H^+ = 2Ga^{3+} + 3H_2O$	0.734		-1.412
$Fe_3O_4 + 8H^+ = 2Fe^{3+} + Fe^{2+} + 4H_2O$	0.981	0.043	
$In_2O_3 + 6H^+ = 2In^{3+} + 3H_2O$	2.522	0.969	-0.453
$CuO + 2H^+ = Cu^{2+} + H_2O$	3.945	3.594	1.78
$ZnO + 2H^+ = Zn^{2+} + H_2O$	5.801	4.347	2.88
$NiO + 2H^+ = Ni^{2+} + H_2O$	6.06	3.162	2.58
$CoO + 2H^+ = Co^{2+} + H_2O$	7.51	5.5809	3.89
$CdO + 2H^+ = Cd^{2+} + H_2O$	8.69		
$MnO + 2H^+ = Mn^{2+} + H_2O$	8.98	6.7921	
$ZnO \cdot Fe_2O_3 + 8H^+ = Zn^{2+} + 2Fe^{3+} + 4H_2O$	0.6747	-0.1524	
$NiO \cdot Fe_2O_3 + 8H^+ = Ni^{2+} + 2Fe^{3+} + 4H_2O$	1.227	0.205	
$CoO \cdot Fe_2O_3 + 8H^+ = Co^{2+} + 2Fe^{3+} + 4H_2O$	1.213	0.352	
$CuO \cdot Fe_2O_3 + 8H^+ = Cu^{2+} + 2Fe^{3+} + 4H_2O$	1.581	0.560	
$FeAsO_4 + 3H^+ = Fe^{3+} + H_3AsO_4$	1.027	0.1921	-0.511
$Cu_3(AsO_4)_2 + 6H^+ = 3Cu^{2+} + 2H_3AsO_4$	1.918	1.32	
$Zn_3(AsO_4)_2 + 6H^+ = 3Zn^{2+} + 2H_3AsO_4$	3.294	2.441	
$Co_3(AsO_4)_2 + 6H^+ = 3Co^{2+} + 2H_3AsO_4$	3.162	2.382	
$PbSiO_2 + 2H^+ = Pb^{2+} + H_2SiO_3$	2.86		
$FeO \cdot SiO_2 + 2H^+ = Fe^{2+} + H_2SiO_3$	2.63		
$ZnO \cdot SiO_2 + 2H^+ = Zn^{2+} + H_2SiO_3$	1.791		

准 pH（标态下）可以总结到如下几条规则：

（1）金属氧化物在酸性溶液中的稳定性的次序是：$SnO_2 > Cu_2O > Fe_2O_3 > Ga_2O_3 > Fe_3O_4 > In_2O_3 > CuO > ZnO > NiO > CoO > CdO > MnO$。由于铁的氧化物较难溶解，因此在常压下，温度

$25 \sim 100℃$，pH 为 $1 \sim 1.5$ 的浸出条件下可以实现 Mn、Cd、Co、Ni、Zn、Cu 与铁的分离。

（2）有关金属的铁酸盐，在酸性溶液中的稳定性的次序为：

$$ZnO \cdot Fe_2O_3 > NiO \cdot Fe_2O_3 > CoO \cdot Fe_2O_3 > CuO \cdot Fe_2O_3$$

（3）有关金属的砷酸盐，在酸性溶液中的稳定性的次序为：

$$FeAsO_4 > Cu_3(AsO_4)_2 > Zn_3(AsO_4)_2 > Co_3(AsO_4)_2$$

（4）有关金属的硅酸盐，在酸性溶液中的稳定性的次序为：

$$PbSiO_2 > FeO \cdot SiO_2 > ZnO \cdot SiO_2$$

（5）锌、铜、钴等金属化合物的稳定次序是：

铁酸盐 > 硅酸盐 > 砷酸盐 > 氧化物

（6）所有氧化物、铁酸盐、砷酸盐的 pH（标态下）均随温度升高而下降，即要求在更高的酸度下浸出。

铁酸锌及其他金属铁酸盐在稀硫酸溶液中的溶解度极少。硅酸锌及其他金属硅酸盐易溶于稀硫酸，浸出生成的硅酸在酸度降低（即 pH 值升高至 $5.2 \sim 5.4$ 时）后，将凝聚起来，并随同氢氧化铁一起沉淀留在渣中。未氧化的硫化锌及其他金属硫化物在常规浸出条件下不能浸出，但能被浸出过程中形成的三价铁浸出。

铁的氧化物在很稀的硫酸溶液中浸出（中性浸出）时不会溶解，但在酸性浸出时能部分溶解。铜的氧化物在很稀的硫酸溶液中浸出几乎不溶解，但在酸性浸出时能溶解。镉、镍、钴的氧化物在浸出过程中以硫酸盐形态进入溶液。铝的氧化物在浸出时只有少量溶解。铅、钙、钡、铊、镓、铟、锗的氧化物在浸出时部分或全部浸出，生成不溶的沉淀物而固定在渣中。金、银在浸出过程中不溶解，硫化银形态的银矿物也不溶解，硫酸盐形态的银盐能溶解进入溶液，随后银离子又与氯离子反应生成氯化银沉淀。钾、钠、镁、氯在浸出中以硫酸盐或氯化物的形态进入溶液。游离的二氧化硅浸出时不会溶解，而硅酸盐在稀硫酸浸出中部分溶解。砷以砷酸盐的形态残留在渣中，在工业化的浸出体系中砷将主要以高价的配位阴离子存在。锑的物理化学性质与砷类似，在浸出体系中主要以锑酸或亚锑酸的胶体存在。

由以上所述的锌焙砂中各成分的行为可以看出，用稀硫酸溶液浸出锌焙烧矿时，在锌溶解的同时，还有一定量的铁、砷、锑、铜、镍、镉、钴、锗、硅酸等杂质也溶解进入溶液中，所有这些杂质的存在，对下一个生产工序都有一定的影响，必须将有害杂质从溶液中除去。

4.3 硫酸锌浸出液的净化

为了得到高纯度的阴极锌与最经济地进行电解，对电解液的组成和纯度有较高的要求。从锌焙烧矿各组分在浸出时行为可以看到，浸出过程中许多杂质化合物都随同锌的化合物一起溶解而进入溶液，表4-5列出了中性上清液杂质成分与锌电积新液的质量要求对比。因此，在电解前必须对中性浸出上清液进行净化，把各种杂质降到新液质量要求的含量以下。并从各种净化渣中回收有价金属。

表4-5 中性上清液杂质成分与锌电积新液的质量要求成分对比表

杂质成分	中性浸出上清液/mg·L^{-1}	锌电积新液/mg·L^{-1}
Cu	240~420	小于0.5
Cd	460~680	小于2
As	1.8~3.6	0.24~0.61
Sb	0.3~0.4	0.05~0.10
Ge	0.2~0.5	小于0.10~0.05
Ni	2~7	1~0.5
Co	10~35	1~2
Fe	1~7	10~20
F	50~100	50~100
Cl	100~300	100~300
Mn	3~6	3~6
SiO$_2$	50~70	40~50
悬浮物	1000~1500	无

由于原料成分的差异，故各个工厂中性浸出液的成分波动范围较大。因此，所采用的净化工艺不尽相同。净化方法按原理可分为两类：加锌粉置换法和加特殊试剂沉淀法。

4.3.1　加锌粉置换法

由于存在于中性浸出液中的铜、镉及某些其他杂质，在电化学顺序中是较锌更正电性的金属，因此可被金属锌从溶液中置换出来。当锌加入溶液时，发生如下反应：

$$Cu^{2+} + Zn = Zn^{2+} + Cu$$

$$Cd^{2+} + Zn = Zn^{2+} + Cd$$

置换反应在加入溶液中的锌表面上进行。为加速反应，常应用锌粉以增大反应的表面。通常要求锌粉粒度通过 100 ~ 120 筛目。过细的锌粉容易漂浮在溶液表面上不起置换作用而无益消耗。为了分别除铜、镉，可用较粗粒的锌粉先除铜，再用细锌粉沉镉。锌粉消耗一般为理论需要量的 2 ~ 3 倍。由云南驰宏锌锗股份有限公司开发的电炉活性合金锌粉净化工艺，由于这种活性合金锌粉的比表面积大（-325 目），以及某些合金元素的微电池作用，提高了净化效率，与使用雾化锌粉相比，降低锌粉消耗约 15% ~ 30%。

当锌粉置换除铜、镉后，净化后液的铜、镉含量达到锌电积新液质量要求，并产出含锌 35% ~ 40%、铜 3% ~ 6%、镉 4% ~ 10% 的铜镉渣，送铜、渣回收系统处理。

从热力学计算可知，用锌粉置换除钴（镍）是可能的，且能除到很低的程度。但实践中单纯用锌粉置换除钴却是很困难的，这是由于钴、镍、铁等过渡族元素，它们在析出时具有很大的超电压。实践证明，高温及添加活化金属（锡离子、锑离子、铅离子、砷离子等）的锌粉置换过程可有较高的反应速度，还能除去溶液中其他微量杂质金属砷、锑、镍、铜、锗等，从而达到溶液的深度净化。在生产实践中普遍采用砷盐法、锑盐法及 Pb-Sb 合金锌粉法除钴。砷盐净化法过程温度高（80 ~ 95℃）、产生 AsH_3 毒气、锌粉耗量大(每吨锌 50~70kg)、钴易反溶降低除钴效率等,许多工厂采用锑盐或 Pb-Sb 合金锌粉代替砷盐净液。

在锑盐净化中,国外大多数工厂采用逆锑净化工艺,即第一段在低温（55℃）加锌粉除铜、镉,第二段在较高温度（85℃）下,加锌粉及锑活化剂（三氧化二锑、锑粉、酒石酸锑钾、锑酸钠等）除钴及其他微量杂质。为保证镉合格,一些工厂再加第三段低温除镉。我国一些工厂则采用第一段高温除钴、铜及第二段低温除镉的两段正锑净液流程。

4.3.2 加特殊试剂沉淀法

由于镍钴在浸出液中属于最难净化的杂质,一些工厂采用加黄药（乙基黄酸钠）或 β-萘酚除钴的化学沉淀法。

黄药除钴基于在有硫酸铜作为氧化剂的条件下,溶液中的三价钴与黄药反应,生成难溶的黄酸钴而沉淀,其反应式如下:

$$8C_2H_5OCS_2Na + 2CuSO_4 + 2CoSO_4 \Longrightarrow 2Cu(C_2H_5OCS_2)\downarrow +$$
$$2Co(C_2H_5OCS_2)_3\downarrow + 4Na_2SO_4$$

黄药除钴法存在黄药价格昂贵、在酸性溶液中易发生分解、不能再生,且有臭味、劳动条件欠佳等不足,另外还存在除钴、镍不彻底,净化后液残留黄药对电解造成不利影响,从黄酸钴渣中提取钴的流程复杂等缺点,国内外仅有少数厂家采用。

β-萘酚除钴法是在锌溶液中加入 β-萘酚（$C_{10}H_6NOOH$）、NaOH 和 HNO_2,再加废电解液,使溶液酸度达 0.5g/L 硫酸,控制净化温度为 65~75℃,搅拌 1h,钴则按下式反应产生亚硝基-β-萘酚钴沉淀:

$$13C_{10}H_6ONO^- + 4Co^{2+} + 5H^+ \Longrightarrow C_{10}H_6NH_2OH +$$
$$4Co(C_{10}H_6ONO)_3\downarrow + H_2O$$

该反应速度快,但试剂价格昂贵不经济。试剂消耗为钴量的 13~15 倍。除钴后液中残留有亚硝基化合物,需要加锌粉搅拌破坏或用活性炭吸附。

4.4 锌浸出渣的处理

在湿法炼锌生产中，所得到的中性浸出渣，除含有锌外，还有其他有价金属，如铅、铜、镉及贵金属金、银、铟等。因此必须从锌浸出渣中回收锌及有价金属。表4-6列出了几种干燥后的锌滤渣成分。

表4-6　几种浸出渣的成分　　　　　　　（%）

种类	Zn	Pb	Cu	Fe	CaO + MgO	SiO$_2$	S	Au + Ag	Al$_2$O$_3$
1	28.10	5.4	1.12	26.00	6.7	8.00	5.70		5.70
2	23.47	4.82	1.28	29.30	1.96	11.67	5.14		2.11
3	18.67	11.76	1.29	23.00	3.19	11.88	5.99	0.025	4.58
4	16.90	12.10	0.80	19.10	5.40	12.40	5.10	0.029	4.70

锌浸出渣的处理工艺根据渣成分和冶金的具体情况，选择不同的处理工艺，目前主要采用的一些处理工艺可分为火法和湿法两类。图4-1所示是主要的渣处理工艺。其中回转窑处理工艺和

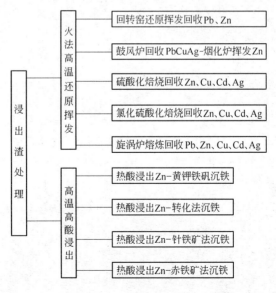

图 4-1　主要的渣处理工艺

热酸浸出-黄钾铁矾沉铁工艺是火法和湿法渣处理使用最广泛的代表性工艺。

回转窑处理是在干燥的浸出渣中配入 40% ~ 50% 的焦粉，加入到回转窑内处理，控制炉气温度为 1100 ~ 1300℃，回转窑挥发过程中，被处理的物料与还原剂混合，有时加入少量石灰促进硫化锌的分解和调节窑渣成分，浸出渣中的金属氧化物与焦粉接触，被还原出的金属蒸气进入气相，在气相中又被氧化成氧化物。炉气经冷却后导入收尘系统，使铅氧化、锌氧化物得到回收。

热酸浸出过程的实质是中性浸出渣用高温、高酸浸出，目的是将在低酸中尚未溶解的铁酸锌以及少量其他尚未溶解的锌化合物溶解，进一步提高锌的浸出率。热酸浸出是在原常规浸出的基础上增加高温、高酸浸出段，使浸出过程成为不同酸度、多段逆流的浸出过程。其特点是浸出的酸度逐段增加，浸出的流量逐段减少。由于铁酸锌及其他化合物溶解，浸出渣数量显著减少，使浸出渣中的铅、银、金等有价金属得到较大富集，从而有利于这些金属的进一步回收。生产实践中采用热酸浸出（温度 90 ~ 95℃，始酸大于 150g/L，终酸 40 ~ 60g/L）。热酸浸出结果，锌回收率显著提高，铅、银富集于渣中，但大量铁也转入溶液达 20 ~ 40g/L，若采用常规的中和水解除铁，因形成体积庞大的氢氧化铁胶体，无法浓缩和过滤。为从高铁溶液中沉出铁，生产上已成功采用了黄钾铁矾法、转化法、针铁矿法和赤铁矿法等新的除铁方法。表4-7 列出了国内外一些主要湿法炼锌厂所采用的渣处理工艺。

表4-7　国内外主要湿法炼锌厂采用的渣处理工艺

厂　　家	渣处理工艺
株洲冶炼厂	回转窑挥发、黄钾铁矾法
西北铅锌冶炼厂	高温、高酸浸出-黄钾铁矾法
葫芦岛锌厂	回转窑挥发
沈阳冶炼厂	回转窑挥发
水口山矿务局	高温、高酸浸出-针铁矿法

续表 4-7

厂　　家	渣处理工艺
会泽铅锌矿	高温、高酸浸出-黄钾铁矾法
挪威锌公司电锌厂	高温、高酸浸出-黄钾铁矾法
澳大利亚里斯顿锌厂	高温、高酸浸出-黄钾铁矾法
荷兰布德尔锌厂	高温、高酸浸出-黄钾铁矾法
加拿大特雷尔（Trail）	铅鼓风炉
加拿大蒂明斯厂（Timmins）	高温、高酸浸出-黄钾铁矾法
德国鲁尔锌厂（Ruhr）	高温、高酸浸出-黄钾铁矾法
芬兰奥托昆普科拉（Kokkola）	高温、高酸浸出-转化法
比利时老山公司巴伦（Balen）	高温、高酸浸出-针铁矿法
比利时奥尔佩特（Overpolt）	高温、高酸浸出-针铁矿法
美国巴特勒斯维尔（Bartlesville）	高温、高酸浸出-针铁矿法
意大利 SAMIM 公司维斯姆港锌电解厂	高温、高酸浸出-针铁矿法
韩国温山（Onsan）冶炼厂	高温、高酸浸出-针铁矿法
日本饭岛冶炼厂	高温、高酸浸出-赤铁矿法
德国达梯尔（Datlen）	高温、高酸浸出-赤铁矿法

5 硫化锌精矿的直接浸出

目前以硫化锌精矿为原料的湿法炼锌一般都伴随有硫化锌精矿火法焙烧，如果再加上浸出渣的高温还原挥发，则常说的湿法炼锌实质上是湿法和火法的联合流程，只有硫化锌精矿直接酸浸工艺才真正称得上是全湿法炼锌工艺。

硫化锌精矿直接酸浸可分为常压酸浸和加压酸浸两种。从物理学的观点看，常压浸出与高压浸出没有本质区别。一般的常压浸出过程大多是在室温下，最多也只能在溶液沸点以下进行，浸出速度一般较小。而加压浸出是在密闭的反应容器内进行，可使反应温度提高到溶液的沸点以上，使某些气体（如氧气）在浸出过程中具有较高的分压，让反应能在更有效的条件下进行，使浸出过程得到强化。

5.1 硫化锌精矿浸出的热力学

为了研究硫化锌（ZnS）及其他金属硫化物在水溶液中的反应，在一定 pH 值和一定电位下将形成什么物质，可用 MeS-H_2O 系的 φ-pH 图来研究 MeS 在水溶液中反应的热力规律。

MeS-H_2O 系中反应平衡式及 φ-pH 关系式见表 5-1。

表 5-1 ZnS-H_2O 系中反应平衡式及 φ-pH 关系式

序号	反应平衡式	φ-pH 关系式
1	$O_2 + 4H^+ + 4e = 2H_2O$	$\varphi = 1.229 - 0.0591pH + 0.0149 \lg P_{O_2}$
2	$2H^+ + 2e = H_2$	$\varphi = 0 - 0.0591pH - 0.0295 \lg P_{H_2}$
3	$Zn^{2+} + S + 2e = ZnS$	$\varphi = 0.264 + 0.0295 \lg[Zn^{2+}]$
4	$ZnS + 2H^+ = Zn^{2+} + H_2S(g)$	$pH = -1.586 - 0.51 \lg[Zn^{2+}] - 0.51 \lg P_{H_2S}$
5	$S + 2H^+ + 2e = H_2S$ (g)	$\varphi = 0.717 - 0.0591pH - 0.0295 \lg P_{H_2S}$
6	$HSO_4^- + 7H^+ + 6e = S + 4H_2O$	$\varphi = 0.338 - 0.069pH + 0.098 \lg[HSO_4^-]$
7	$SO_4^{2-} + H^+ = HSO_4^-$	$pH = 1.91 + \lg[SO_4^{2-}] - 0.5 \lg[HSO_4^-]$

序　号	反应平衡式	φ-pH 关系式
8	$SO_4^{2-} + 8H^+ + 6e = S + 4H_2O$	$\varphi = 0.357 - 0.07881pH + 0.0098 \lg[SO_4^{2-}]$
9	$HSO_4^- + Zn^{2+} + 7H^+ + 8e = ZnS$ $+ 4H_2O$	$\varphi = 0.319 - 0.05171pH + 0.0074 \lg[Zn^{2+}]$ $[HSO_4^-]$
10	$SO_4^{2-} + Zn^{2+} + 7H^+ + 8e = ZnS$ $+ 4H_2O$	$\varphi = 0.333 - 0.05171pH + 0.0074 \lg[Zn^{2+}]$ $[SO_4^{2-}]$
11	$2Zn^{2+} + SO_4^{2-} + 2H_2O = ZnSO_4$ $\cdot Zn(OH)_2 + 2H^+$	$pH = 3.77 - 0.5 \lg[SO_4^{2-}] - \lg[Zn^{2+}]$
12	$ZnSO_4 \cdot Zn(OH)_2 + SO_4^{2-} +$ $18H^+ + 16e = 2ZnS + 10H_2O$	$\varphi = 0.362 - 0.0665 pH + 0.0037 \lg[SO_4^{2-}]$
13	$ZnSO_4 \cdot Zn(OH)_2 + 2H_2O =$ $2Zn(OH)_2 + 2H^+ + SO_4^{2-}$	$pH = 8.44 + 0.5 \lg[SO_4^{2-}]$
14	$Zn(OH)_2 + 10H^+ + SO_4^{2-} + 8e$ $= ZnS + 6H_2O$	$\varphi = 0.424 - 0.0738 pH + 0.0074 \lg[SO_4^{2-}]$
15	$ZnO_2^{2-} + 2H^+ = Zn(OH)_2$	$pH = 14.24 + 0.5 \lg[ZnO_2^{2-}]$
16	$ZnO_2^{2-} + SO_4^{2-} + 12H^+ + 8e =$ $ZnS + 6H_2O$	$\varphi = 0.634 - 0.0887pH + 0.0074 \lg[ZnO_2^{2-}]$
17	$Zn^{2+} + 2e = Zn$	$\varphi = -0.763 + 0.0295 \lg[Zn^{2+}]$
18	$ZnS + 2H^+ + 8e = Zn + H_2S(g)$	$\varphi = -0.857 - 0.0591 pH - 0.0295 \lg P_{H_2S}$
19	$HS^- + H^+ = H_2S(g)$	$pH = 8.00 + \lg[HS^-] - \lg P_{H_2S}$
20	$ZnS + H^+ + 2e = Zn + HS^-$	$\varphi = -1.093 - 0.0295pH - 0.0295 \lg$ $[HS^-]$
21	$S^{2-} + H^+ = HS^-$	$pH = 12.9 + \lg[S^{2-}] - \lg[HS^-]$
22	$ZnS + 2e = Zn + S^{2-}$	$\varphi = -1.474 - 0.0295 \lg[S^{2-}]$
23	$ZnO_2^{2-} + SO_4^{2-} + 12H^+ + 8e =$ $Zn^{2+} + S^{2-} + 6H_2O$	$\varphi = 0.213 - 0.0709pH - 0.0059 \lg[S^{2-}]$ $+ 0.059 \lg[SO_4^{2-}][ZnO_2^{2-}]$
24	$Zn^{2+} + 2H_2O = Zn(OH)_2 +$ $2H^+$	$pH = 6.11 - 0.5 \lg[Zn^{2+}]$
25	$Zn^{2+} + 2H_2O = ZnO_2^{2-} + 4H^+$	$pH = 10.08 - 0.25 \lg[Zn^{2+}] + 0.25$ $\lg[ZnO_2^{2-}]$

序 号	反应平衡式	φ-pH 关系式
26	$S + H^+ + 2e = HS^-$	$\varphi = -0.06527 - 0.0295pH - 0.0295$ $lg[HS^-]$
27	$SO_4^{2-} + 9H^+ + 8e = HS^- + 4H_2O$	$\varphi = 0.252 - 0.0661pH - 0.00739$ $lg\ [SO_4^{2-}]\ /\ [HS^-]$
28	$SO_4^{2-} + 8H^+ + 8e = S^{2-} + 4H_2O$	$\varphi = 0.0148 - 0.05911pH - 0.00739$ $lg\ [SO_4^{2--}]\ /\ [S^{2-}]$

由表内平衡式可绘制出 ZnS-H_2O 系的 φ-pH 图，如图 5-1 所示。

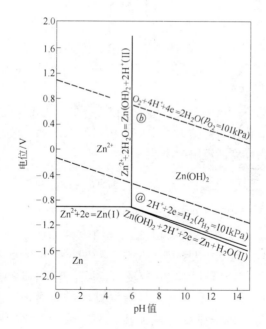

图 5-1　ZnS-H_2O 系的 φ-pH 图

由图 5-1 可以看出图中有一个元素硫的稳定区。当电位下降时，pH 值在 1.9 ~ 8 范围内，SO_4^{2-} 还原成元素硫，当电位再低和

pH < 7 时的进一步还原成 H_2S，pH > 8 时更进一步还原成 HS^-。

当电位升高时，在 pH < 8 的情况下，H_2S 和 HS^- 均氧化成元素硫。然后再氧化成 SO_4^{2-}，在 pH > 8 的情况下，HS^- 可直接氧化成 SO_4^{2-}。

5.2　硫化锌精矿常压浸出

5.2.1　不添加氧化剂的常压浸出

由于硫化锌矿中硫化物晶体结构致密，硫化锌在常压下的稀酸浸出是比较困难的，溶解过程极其缓慢。如果在常压浸出时，直接将氧气通入液相，由于氧分压为常压，氧在液相的溶解度低，即使加入 Fe^{3+} 作催化剂，Fe^{3+} 的再生很慢，无法实现对硫化锌精矿的有效浸出。另外，大量氧气不能被液相有效吸收，而从液相中排入大气，导致氧气大量消耗，是十分不经济的。

在高温下采用浓硫酸浸出是可以进行的。由于高浓度硫酸具有很强的氧化性，能按下式反应将析出的 H_2S 进一步氧化成 S，从而可获得满意的浸出效果：

$$H_2SO_{4(浓)} + H_2S = H_2SO_3 + H_2O + S$$

将 H_2S 氧化成 S 的反应不仅避免了有毒的 H_2S 的产生，又可回收元素硫。浓硫酸浸出硫化锌精矿控制的条件是：温度 150～155℃，硫酸浓度 60%～65%。锌回收率可达 95%～96%。

尽管硫化锌可以用浓硫酸浸出，但上述条件因温度太高，已达到硫酸沸点温度。其次是酸浸过程不能实现废电积液稀酸闭路循环，电积过程的酸无法平衡，因此，无工业应用的实际价值。

5.2.2　有氧化剂存在的常压浸出

硫化锌及其他硫化物常压下在有氧化剂存在时可按下式进行

硫酸浸出反应:

$$MeS + 2H^+ + 0.5O_2 \Longrightarrow Me^{2+} + S + H_2O$$

或

$$MeS - 2e \Longrightarrow Me^{2+} + S$$

要使金属硫化物氧化成硫酸盐,继而溶解在硫酸浸出液中就要有氧存在,在常压酸浸条件下,氧还需通过某些中间物质(Fe^{3+}/Fe^{2+})才能起作用。Fe^{3+}/Fe^{2+}的优点是不损害冶金过程,但在硫酸溶液中亚铁的氧化速率较小,只有在高温高压条件下才能达到工业要求。

用硝酸作氧化剂时,因为它在酸性条件下所构成的电极通常具有较高的电极电位,NO_3^-/NO的标准电位为0.96V,而ZnS/S^0的标准电位为0.291V,差值高达0.669V,因此,氧化还原反应比简单酸溶容易得多,即在氧化剂存在时,优先电化学反应。由于NO_3^-/NO的标准电极电位比Fe^{3+}/Fe^{2+}的标准电极电位(0.771V)还要高,在动力学相同的条件下,Fe^{2+}能进一步被氧化为Fe^{3+},Fe^{3+}的再生加速了硫化矿物的浸出。由于硫以单质形态析出,并覆盖于未溶解的硫化物表面形成硫膜层,阻碍了NO_3^-与硫化物的接触,而Fe^{2+}、Fe^{3+}等离子通过硫膜扩散要比NO_3^-容易,即在初始阶段,NO_3^-能直接氧化硫化物,在反应中后期,Fe^{3+}从溶液主体经过硫膜扩散到硫化物表面,加速硫化物的溶解;产生的Fe^{2+}经硫膜扩散至溶液主体,其中,Fe^{2+}在溶液主体再经NO_3^-氧化再生为Fe^{3+},如图5-2所示。通常Zn^{2+}、Fe^{2+}、Fe^{3+}经过固态硫膜层的扩散要比上述氧化还原反应过程的速度慢得多,因此,Zn^{2+}、Fe^{2+}、Fe^{3+}的内扩散成为溶液过程的控制步骤。NO_3^-的还原产物NO在室温下与氧气在气相混合,可迅速再生。

氯化物氧化虽有较强烈的化学条件,比如FeCl + HCl体系加入MnO_2氧化分解硫化锌精矿,但硫化矿溶解后得到的锌也只能通过沉淀或借助于溶剂萃取等方法才能通过电积将其回收。另

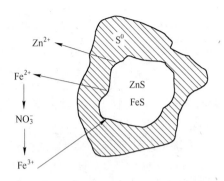

图 5-2　硫化物硝酸浸出过程示意图

外，铁的再生问题较难解决。

总之，硫化锌精矿常压氧化酸浸出的氧化剂必须能被回收和重复利用，并从工艺中完全除去，对过程无害，才能获得工业上的应用。

在 20 世纪五六十年代，Bjorling 发表了一些论述用硝酸作为氧化硫化物精矿的催化剂的文章，1978 年，澳大利亚电锌公司的实验室对此做了大量的研究，研究结果表明，氧化氮、氧气混合物很容易与悬浮在稀硫酸中的硫化锌精矿反应，澳大利亚里斯顿冶炼厂已成功地完成了硫化锌精矿用 NO_x 浸出的小型试验和扩大试验，不但获得了有关技术基本参数，并且证明了 NO_x 气体可以重复利用，残余的 NO_3^- 可以全部从浸出液中除去，浸出液经过净化进行电积时电流效率很高。

以 NO_x 作为氧化剂的硫酸浸出过程有以下一些基本反应：

$$MeS + H_2SO_4 + NO_2 \longrightarrow MeSO_4 + S + H_2O + NO$$

$$2NO + O_2 \longrightarrow 2NO_2$$

$$3NO_2 + H_2O \longrightarrow 2HNO_3 + NO$$

$$3ZnS + 2HNO_3 + 3H_2SO_4 \Longleftrightarrow 3ZnSO_4 + 3S + 2NO + 4H_2O$$

$$2ZnS + 2HNO_3 + H_2SO_4 \Longleftrightarrow ZnSO_4 + S + 2NO_2 + 2H_2O$$

为了便于了解在有 NO$_x$ 存在条件下硫化锌精矿常压酸浸工艺，现将澳大利亚电锌公司里斯顿冶炼厂和云南某高铁硫化锌精矿的试验情况叙述如下：

里斯顿冶炼厂的试验采用两段逆流浸出过程，在第二段加入过量的硫化锌精矿以除去溶液中的硝酸根，然后再将这种经过部分浸出的固体料送到第一段，在第一段加入过量的酸和氧化剂 NO$_x$ 进行浸出，两段均喷入氧气。硫化锌精矿常压氧化浸出原则工艺流程如图 5-3 所示。

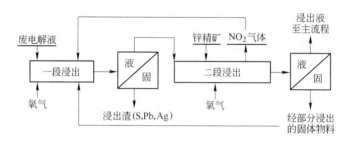

图 5-3 硫化锌精矿常压氧化浸出试验原则工艺流程

小型试验分两段间断完成，试验中 NO 气体的再生，使用空腔喷淋塔，用纯氧作为氧化剂，用冷废电积液作为吸收剂，形成一个 NO$_x$ 气体循环系统。排气中的 NO 与过量氧（过量 5% 左右）反应足够的时间后可以被完全氧化吸收，生成一种硫酸、硝酸的混合稀溶液。第二段浸出液的硝酸浓度低于 1g/L，锌浓度 120g/L。第一段浸出渣含锌 5% ~ 10%，元素硫 60% ~ 70%，铅 10% ~ 15%。

在小型试验的基础上，进行了规模为日产金属锌 33kg 规模的扩大试验。浸出温度控制在 80 ~ 90℃，试验得到了硝酸根还原的最佳结果，终点 NO$_3^-$ 残量低于 1g/L。在扩大试验的连续浸出中，当硝酸根很少时，浸出系统就不稳定。只要 NO$_3^-$ 低于 3g/L，亚铁离子就会生成，反应就可能停止。

常压酸浸试验过程显现出的主要问题是，硫精矿在有铁存在的情况下能生成高度稳定的亚铁硝酸酰配合物 [Fe(NO)] SO_4 使反应停顿，即当有高铁离子存在时则有如下反应：

$$ZnS + Fe_2(SO_4)_3 \longrightarrow ZnSO_4 + S + 2FeSO_4$$

生成的亚铁离子又可与硝酸反应生成 NO，并和硫化锌氧化时生成的 NO 一起再同硫酸亚铁反应，生成稳定的亚铁亚硝酸酰配合物：

$$2FeSO_4 + 2HNO_3 + H_2SO_4 \longrightarrow 3Fe_2(SO_4)_3 + 2NO + 4H_2O$$

$$FeSO_4 + NO \longrightarrow [Fe(NO)]SO_4$$

这个过程是自我维持的，由于硝酸根被约束，使高铁离子氧化的精矿比例增加，产生了更多的亚铁离子，进而生成亚铁亚硝酸酰配合物。

系统中的亚硝酸是一种反应性很强的中间物质，如有亚铁离子存在，亚硝酸会被破坏，反应如下：

$$Fe^{2+} + HONO \longrightarrow Fe^{3+} + NO + OH^-$$

仅几分钟溶液电位即从 700mV 降到 300mV 使浸出终止。

云南某高铁锌精矿的常压浸出试验的样品多元素分析结果可见表5-2。按每吨精矿加 0.8t 硫酸和 0.8t 硝酸联合浸出，浸出工艺为两段逆流，浸出温度 95℃，每段浸出 1.5h，锌浸出率可达 98.24%、渣含锌 2.55%、铁 7.5%、银 145g/t。浸出液含锌 60.76g/L、铁 17.34g/L。含锌量不能满足电积锌新液的质量要求。

表 5-2　常压浸出高铁锌精矿试验的样品多元素分析

元　素	Zn	Fe	Pb	S	Cu	Ag	SiO$_2$	MgO	CaO
元素的质量分数/%	43.53	14.83	微	26.59	1.60	0.0125	2.50	0.66	1.20

用含锌48g/L的电积废液、硝酸、硫酸进行浸出试验时，渣计的锌浸出率为 90.06%，铁浸出率 87.38%。难以实现锌的选

择性浸出。浸出液含锌浓度达到 96.33g/L。

过程的难点是：为确保浸出过程的有效进行，要求浸出液中有足够的 NO_3^- 离子，但从冶金学和经济学的角度考虑，最终浸出液中的 NO_3^- 又不能太高，1g/L 的 $[NO_3^-]$ 浓度已超过电积液所允许量的几个数量级，这意味着将增加电积液还原净化的费用。这是一个矛盾，应当说间断作业这个矛盾还小一些；但连续作业必须按理论量加入精矿，并严格控制添加速度。对于工业化而言难度就更大了。试验存在的另一个问题是硝酸消耗，NO_x 循环过程中需补充较多的硝酸根。

5.3 硫化锌精矿的加压浸出

硫化锌精矿常压酸浸的工业化难点很多，而加压酸浸的情况就不同了，其浸出条件要优越得多。首先是可以利用氧作为氧化剂，锌精矿中的硫化锌与硫酸发生如下反应

$$ZnS + 2H^+ + 0.5O_2 \Longrightarrow Zn^{2+} + H_2O + S$$

反应中酸的作用实质上是中和 OH^-，保持 Zn^{2+} 不水解；其次是可以利用浓度较小的稀硫酸溶液或废电解液做浸出剂，实现湿法炼锌过程酸溶液的循环；第三是在加压条件下反应温度允许升高，对反应的热力学和动力学都有利。

加压酸浸可以在有氧化剂存在的情况下进行，浸出反应主要有以下几种情况

$$ZnS + 2H^+ \Longrightarrow Zn^{2+} + H_2S \tag{1}$$

$$ZnS + 2H^+ + 0.5O_2 \Longrightarrow Zn^{2+} + H_2O + S \tag{2}$$

$$ZnS + H^+ + 2O_2 \Longrightarrow Zn^{2+} + HSO_4^- \tag{3}$$

$$ZnS - 2e \Longrightarrow Zn^{2+} + S \tag{4}$$

反应式（1）无电子转移，只与 H^+ 有关。反应式（2）和反应式（3）既有电子转移又与 H^+ 有关。反应式（4）只有电子转移无 H^+ 变化。作 $ZnS-H_2O$ 系 φ-pH 图，见图 5-4。

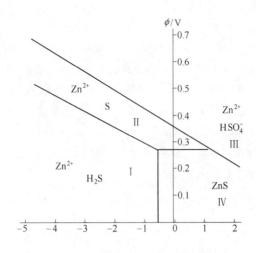

图 5-4　ZnS-H$_2$O 系 φ-pH 图

　　图 5-4 所示有 3 个液相区（Ⅰ、Ⅱ、Ⅲ）和一个固相区（Ⅳ），在不同条件下，ZnS 分别与不同组分的液相保持平衡。从区间 Ⅰ 转移到区间 Ⅱ 时，反应（2）硫化氢将被氧化成元素硫，这一反应伴随着电子迁移且与 H$^+$ 浓度有关，Ⅰ/Ⅱ 区间的平衡线是倾斜的。Ⅱ/Ⅳ 区间的平衡关系是液固相间的平衡，S^{2-} 产生是由于 ZnS 的离解，在有氧化剂存在的情况下，按反应（4）进行，即有电子迁移，与 H$^+$ 浓度无关，平衡线与横坐标平行。Ⅱ/Ⅳ 区间平衡关系为反应（3），ZnS 酸浸产生 HSO$_4^-$，反应有电子迁移，又与 H$^+$ 浓度有关，平衡线为斜线。

　　由图 5-4 可以看出，加压酸浸时随着溶液酸度减小（pH 值增大），平衡将由 Ⅰ 区间向 Ⅱ、Ⅲ 区间移动，提高氧分压可使电位增大，可取得同样效果。

　　为了比较各种硫化物在水溶液中的性质，可以在同一图上绘制多金属的 MeS-H$_2$O 系 φ-pH 图，如图 5-5 所示。

　　由图 5-4 可以看出各种硫化物进行反应的 φ 和 pH 数值及各种硫化物相对稳定的程度。各种硫化物的溶出顺序为

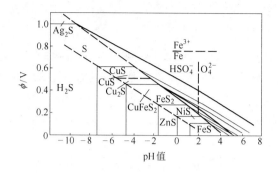

图 5-5　MeS-H$_2$O 系 φ-pH 图

$$FeS > NiS > ZnS > CuFeS_2 \Longrightarrow FeS_2 > Cu_2S > CuS > Ag_2S$$

锌精矿加压酸浸中有关硫化物的行为及硫化锌加压酸浸的基本反应如下

$$ZnS + H_2SO_4 + 0.5O_2 \longrightarrow ZnSO_4 + H_2O + S$$

当系统内缺乏传递氧的物质时，上述反应进行得很慢，但锌精矿中铁溶解后，铁离子即是一种很好的传递氧的物质。通过铁离子的还原、氧化来加速 ZnS 的浸出过程

$$ZnS + Fe_2(SO_4)_3 \longrightarrow ZnSO_4 + 2FeSO_4 + S$$

$$2FeSO_4 + H_2SO_4 + 0.5O_2 \longrightarrow Fe_2(SO_4)_3 + H_2O$$

在加压浸出锌精矿时，铁闪锌矿 [(Zn·Fe) S]、磁黄铁矿 (Fe$_7$S$_8$) 和黄铁矿 (FeS$_2$) 中的铁都有可能溶出，浸出液中含有作足够的酸溶铁，完全可以满足浸出过程的需要。磁黄铁矿 (Fe$_7$S$_8$) 或者铁闪锌矿 [(Zn·Fe)S] 中铁的氧化反应与硫化锌氧化反应类似

$$FeS + H_2SO_4 + 0.5O_2 \longrightarrow FeSO_4 + H_2O + S$$

黄铁矿 (FeS$_2$) 是惰性的，较难浸出，它的氧化与浸出参数有关，在高温和强氧化条件下，黄铁矿将氧化成硫酸铁

$$2FeS_2 + 7.5O_2 + H_2O \longrightarrow Fe_2(SO_4)_3 + H_2SO_4$$

$$2FeS_2 + 7.5O_2 + 4H_2O \longrightarrow Fe_2O_3 + 4H_2SO_4$$

浸出矿浆如果供氧不足，温度较低，含酸较高，黄铁矿的氧化可生成元素硫。不同铁含量精矿中锌的浸出速度如图 5-6 所示。

$$FeS_2 + 0.5O_2 + H_2SO_4 \longrightarrow FeSO_4 + H_2O + 2S$$

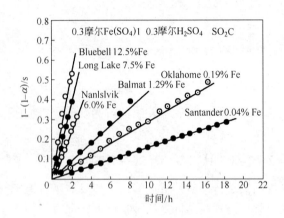

图 5-6　不同铁含量精矿中锌的浸出速率

文献研究表明：溶液中的铁离子能加快氧的传递，起催化作用。当体系中没有 Fe^{3+} 离子时，反应产生的 H_2S 不易被氧化，反应速度极其缓慢，浸出时精矿中的铁含量与耗氧速度 RO_2 成正比关系

$$RO_2(g/g \cdot min) = K[Fe]$$

式中　　[Fe]——精矿含铁量，%；

　　　　K——常数，$K = 30$。

表 5-3 列出了不同含铁量的锌精矿浸出时的耗氧速度和浸出 2h 的浸出率，一般含铁在 4%，浸出 2h 可完成，不用外加铁。

表 5-3 含铁量不同的锌精矿的耗氧速度和锌浸出率

锌精矿含铁品位/%	1.85	6.03	10.2
耗氧量/L·min^{-1}	0.15	0.36	0.88
浸 2h 的锌浸出率/%	51	>97	>97

铜在锌精矿中常以黄铜矿形态存在，可大部分被浸出

$$CuFeS_2 + 2H_2SO_4 + O_2 \longrightarrow CuSO_4 + FeSO_4 + 2S + 2H_2O$$

锌精矿中的方铅矿发生下述反应生成硫酸铅沉淀

$$PbS + H_2SO_4 + 0.5O_2 \longrightarrow PbSO_4 \downarrow + S + H_2O$$

在加压浸出时，硫化锌精矿中一般仅有 5% 的非黄铁矿的硫化物的硫被氧化成 SO_4^{2-}。

$$MeS + 2O_2 \longrightarrow MeSO_4$$

Me 代表 Zn、Pb、Fe 或 Cu。因此，黄铁矿和黄铜矿只有少量溶解产生 SO_4^{2-}，传递氧的铁离子是来自铁闪锌矿和磁黄铁矿。在高温低酸的除铁阶段，溶液中的铁发生水解反应。

$$PbSO_4 + 3Fe_2(SO_4)_3 + 12H_2O \longrightarrow PbFe_6(SO_4)_4(HO)_{12} \downarrow + 6H_2SO_4$$

$$Fe_2(SO_4)_3 + (x+3)H_2O \longrightarrow Fe_2O_3 \cdot xH_2O \downarrow + 3H_2SO_4$$

$$3Fe_2(SO_4)_3 + 14H_2O \longrightarrow 2(H_3O)Fe_3(SO_4)_2(HO)_6 \downarrow + 5H_2SO_4$$

通常，工业生产的废电积溶液中有 K^+、Na^+ 等存在。随着酸度的降低，硫酸铁与 K^+、Na^+ 等生产钾矾和钠矾沉淀而进入渣

$$3Fe_2(SO_4)_3 + 12H_2O + 2K^+ \longrightarrow 2KFe_3(SO_4)_2(HO)_6 \downarrow + 5H_2SO_4 + 2H^+$$

$$3Fe_2(SO_4)_3 + 12H_2O + 2Na^+ \longrightarrow 2NaFe_3(SO_4)_2(HO)_6 \downarrow + 5H_2SO_4 + 2H^+$$

即生成铅铁矾、黄草铁矾、黄钾铁矾、黄钠铁矾等矾类物质以及水合氧化铁，由溶液中析出，并使部分硫酸获得再生。硫化

锌精矿加压浸出后的形貌如图 5-7 所示。

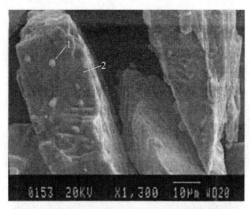

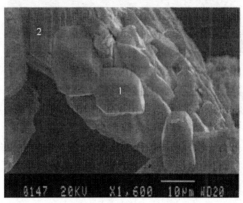

图 5-7 硫化锌精矿加压浸出后的形貌

由此可见浸出的结果是锌精矿中的锌转入溶液，铅、元素硫、铁的水解产物留在渣中。硫在浸出时的行为比较复杂，其转化产物主要形式是元素硫、硫酸和 HSO_4^-。元素硫的转化率与操作条件有关，酸度高时易生成元素硫，降低酸度使反应向生成硫和 HSO_4^- 方向进行，通常 pH < 2 时，容易得到元素硫；当 pH > 2 时，易于生成 HSO_4^- 和 SO_4^{2-}。当温度低时，易生成低价态的硫；高温时，则氧化成为高价态的 SO_4^{2-}，例如温度达到 185℃，精矿中的硫大量氧化成硫酸，引起酸过剩，这在锌精矿的加压浸出过程中是要尽量避免的。

5.3.1 硫化锌精矿的一段加压浸出

5.3.1.1 硫化锌精矿的一段加压浸出小型试验

锌精矿一段加压氧化酸浸试验所用原料的主要化学成分见表5-4。锌精矿矿物组成见表5-5，结果表明，金属矿物主要是由闪锌矿、铁闪锌矿组成；其次为磁黄铁矿和黄铁矿；还有少量的黄铜矿、方铅矿、白铁矿及红锌矿等。脉石矿物主要为石英，其次为碳酸钙。铁除赋存于铁闪锌矿中以外，主要是以磁黄铁矿、黄铁矿、黄铜矿的形式存在。铜的主要产出形式为黄铜矿；次生铜（CuS）及氧化铜均极少。铅主要存在于方铅矿中；还有部分存在于氧化铅或硫酸铅。锌精矿粒度为 -320 目占55%。

表 5-4 锌精矿多元素分析

元 素	Zn	Cu	Cd	Pb	Fe	S	F	Cl	SiO$_2$	CaO	Al$_2$O$_3$
元素的质量分数/%	43.65	0.64	0.14	0.64	16.7	29.55	0.077	0.188	1.84	0.58	0.29

元 素	Co	Ni	In	Ge	Ga	Ti	Ag	Sb	As	MgO	K$_2$O
元素的质量分数/g·t^{-1}	12	42	12	8	小于5	13	63.5	39	2400	1200	400

表 5-5 锌精矿重要矿物成分

物 相	（铁）闪锌矿	磁黄铁矿	黄铁矿	黄铜矿	方铅矿
矿物的质量分数/%	62.97	22.21	4.34	1.94	0.43

试验步骤：锌精矿经球磨机湿磨至需要的粒度，用化学纯硫酸锌和分析纯硫酸试剂人工配制而成的模拟锌电积废液在压力釜中浸出锌精矿。用工业纯氧做氧化剂。锌、铜、镉等有价金属进入溶液，经净化分离后分别用常规方法回收。精矿中的硫在加压酸浸过程中，绝大部分转化为元素硫进入浸出渣，经浮选和热过

滤后予以回收。铅、银和绝大部分铁也进入浸出渣，视其品位，考虑回收有价元素。

A　精矿粒度对浸出的影响

粒度为 - 320 目仅占 55% 锌精矿直接进行加压氧化酸浸，锌、铜、镉等浸出率和元素硫的转化率均较低，还不到 70%。在其他浸出条件相同的情况下，随着精矿粒度变细，有价金属浸出率和元素硫的转化随之增高。当精矿粒度达到 98% - 320 目时，锌、铜、镉的浸出率分别大于 97%、95%、97%，元素硫的转化率可达 90% 以上。硫化锌精矿粒度大小对于加压氧化酸浸阶段的反应速率和锌提取率有很显著的影响。锌精矿总的表面积对反应速度影响很大，这是因为固体表面层的扩散或固体表面上化学反应是速度的限定步骤。

B　添加剂对浸出的影响

锌精矿的氧压酸浸是一个有气、液、固相参与的复杂的非均相过程。在硫酸和氧气的作用下，金属硫化物被氧化浸出，最终生成硫酸盐、元素硫和矾类化合物。锌精矿加压酸浸是在超过硫的熔点（119℃）的温度下进行的。添加剂对锌精矿的加压浸取的作用十分重要，当不加表面活性剂时，由于硫化矿物表面疏水性，不易被水润湿而容易被熔融硫湿润，因而加压酸浸过程中生成的元素硫优先将未氧化的硫化物润湿和包裹起来，并渗入空隙内，从而大大地增加了扩散阻力，严重阻碍锌精矿的浸出，使锌的浸出速率大大降低。这也就是在没有找到合适的添加剂之前，硫化锌精矿高温加压浸出工艺一直未能付诸工业实践的主要原因。当加入适量的添加剂时，使液态硫表面张力减低，在搅拌作用下，使其从硫化物表面擦掉，从而有利于锌精矿继续浸出。

目前广泛使用的表面活性剂主要为木质素磺酸盐，它是一种含有酚羟基、醚甲基及醛基等复杂的多本环衍生物磺酸盐，分子中多基团、多磺酸根呈网状分布。当其吸附在精矿或硫表面后，仍有极性基团伸向溶液，表现出亲水性，降低了表面与水的表面张力，这样就有可能分离精矿硫，改善浸出过程。

　　试验所使用的添加剂主要是木质磺酸钙。试验结果如图 5-8 所示，不加添加剂时，加压氧化酸浸 90min，锌浸出率只有 65%。当加入木质磺酸钙的量为 0.12% ~ 0.25% 时，锌浸出率就达 95% ~ 98%，浸取反应趋于完全。当添加 0.2% 时，反应速度快，浸取后固体残渣与液态硫滴分别悬浮，体系中物质对木质素磺酸钠的吸附能力顺序为锌矿 > 浸渣 > 元素硫，适量时，硫滴表面电荷少，在悬浮中合并（碰撞），冷却凝固后，硫和渣能很好分离，反应后硫颗粒粒径约 0.8 ~ 1.6mm，平均含硫量约 92%，表面干净，易于浮选。然而，添加剂用量过大，各类硫化物的浸出率趋于稳定，且元素硫粒度变得更细，硫表面吸附，不利于选矿分离。

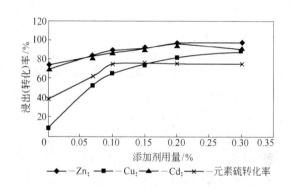

图 5-8　添加剂用量对浸出率及元素硫转化率的影响

C　时间对浸出的影响

　　经过细磨的锌精矿矿浆，加入废电解液和添加剂后，加入高压釜中升温到所要求的温度，开始计算浸出时间。锌的浸出率随浸出时间增加而增加，当加压浸出 60min 时，有价金属的浸出及元素硫的转化已基本完全；加压浸出 90min 时，浸出已趋于终点，锌、铜、镉浸出率分别达 98%、95%、98%，元素硫转化率达 91%。

D　温度对浸出的影响

众所周知，提高温度能够增大锌精矿的浸出速度。在加压氧化酸浸过程中，用纯氧做氧化剂。首先氧分子通过气—液相界面进入溶液，被吸附于固体颗粒表面；然后被吸附的氧分子裂为氧原子，这是整个氧化过程的关键性环节，然而这个裂解反应却很难进行。因为他要求很高的活化能。升温对于促进氧键的断裂使溶解的氧分子裂解为氧原子所起的作用就更大了。

当浸出温度从 130℃ 升高到 150℃ 时，有价金属浸出率及元素硫的转化率随之升高；进入溶液中的铁随之降低而游离酸相应增高。当浸出温度在 140℃ 以上时，锌、铜、镉浸出率分别达 98%、93%、97% 以上，元素硫的转化率大于 91%。

然而，升高温度也有其不利的一面，那就是升温会降低氧在溶液中的溶解度和增大气相中水蒸气的分压。而且，从 155℃ 开始，液态硫的黏度急剧增加，在 191℃ 时将达到最大值（33.3Pa·s）。当浸出温度在 160℃ 以下时，反应产物的种类取决于溶液酸度大小；当温度超过 160℃ 时，则不论溶液的酸度如何，都容易生成 HSO_4^- 和 SO_4^{2-} 离子，硫从零价氧化成高价状态。提高温度主要起着降低过程动力学阻力的作用。锌精矿加压酸浸的目的是最大限度地提取有价金属，而希望硫以元素硫的状态产出，因此，浸出温度选择 145~150℃ 为宜。

E　氧分压对浸出的影响

在加压酸浸中，氧是作为一种极重要的反应物质而被引入浸出系统的。由于 S/S^{2-} 的标准还原电位比 Fe^{3+}/Fe^{2+} 低得多，所以从热力学观点来看，氧对 S^{2-} 的氧化能力要比对低铁的氧化强得多。正是这种强大的氧化能力使得溶液中的 S^{2-} 浓度被压低到很小的数值。没有这种氧化作用，就根本不会析出元素硫，也根本不可能在温度、酸度较低的条件下，获得具有较高浓度的硫酸锌溶液。

氧对于锌精矿的氧化是在液相中进行的，溶解在液相中的氧和气相中的氧按照亨利定律保持一定的平衡关系，即气相中氧分压越大，在液相中所溶解的氧量也就越多。随着温度及酸、盐等电解质浓度的提高，氧的溶解度会进一步下降。而采用较大的氧压进行浸出就可以大大地提高氧化速度，还能增大过程的热力学推动力，即增大氧电极的氧化电位。这就是各种硫化矿的酸浸氧化反应必须在加压条件下进行的主要原因之一。

当氧分压从 0.53MPa 增加到 0.63MPa，锌、铜、镉的浸出率随之增加。从变化趋势看，氧分压大于 0.58MPa，锌、铜、镉的浸出率和元素硫的转化率已趋于稳定，分别达到 98%、93%、98% 和 91% 以上。

在锌精矿加压酸浸过程中，按生成元素硫的方式进行，则每溶出 1t 锌只需供氧 210～270kg。在氧压较大和酸度较低的浸出条件下，析出的元素硫能进一步氧化成高价状态，这不仅降低了元素硫的转化率，而且增加了氧气消耗，这是我们所不希望的。因此，选择适宜的氧分压是必要的。

据文献研究表明，在锌浸出率相同的情况下，氧分压每增加 0.1MPa，浸出时间可缩短 20min，氧分压 p_{O_2} 与耗氧速度 R_{O_2} 模型为典型的等温吸附。

$$R_{O_2} = \frac{0.64 p_{O_2}}{1 + 0.032 p_{O_2}}$$

F　酸度对浸出的影响

溶解在液相中的氧对于 ZnS 的氧化反应，在常温下很难直接进行，因为过程的动力学阻力很大。锌的溶出多半是通过酸溶并形成 H_2S 来完成的。在无氧化剂存在的情况下，反应将按照下式进行：

$$ZnS + 2H^+ = Zn^{2+} + H_2S$$

$$K_a = [Zn^{2+}] \times [H_2S]/[H^+]^2$$

在一定温度下，平衡常数 K_a 值是一定的。由于 H_2S 的溶解度在一定温度下也有其一定值，所以浸出液中的锌离子活度将和氢离子活度的平方成正比。这就是说，所采用的酸度越大，溶液中的锌离子浓度就越高。H_2S 是一种很强的还原剂，电离析出的 S^{2-} 极易失去电子，而在有氧存在的情况下，离解的 S^{2-} 和溶解氧之间发生氧化还原反应。随着 S^{2-} 的氧化，氧被还原成 O^{2-} 或 OH^- 离子，后者与溶液中的 H^+ 进一步结合成水。为了保持溶液的酸度以防锌离子发生水解，浸出过程必须在一定浓度的酸性溶液中进行。

随着酸度大小的变化，将得到不同的产物。例如：当 pH < 2 时，一般容易得到元素硫；当 pH > 2 时，容易生成 HSO_4^-、SO_4^{2-}。在更小的酸度下，如当 pH = 5 ~ 6 时，开始生成连多硫酸盐。

当硫酸与锌摩尔比大于 1.12 的情况下，有价金属的浸出已趋于完全，锌、铜、镉的浸出率分别达到 98%、93%、98% 左右；元素硫的转化率有随酸度增加而增加的趋势。然而进入溶液中的铁都随酸度增加而显著提高。因此酸度的选择需根据各项综合指标、全系统的酸平衡及与焙烧—浸出生产流程的衔接来综合考虑。

锌精矿的加压浸出溶液与焙烧—浸出流程的衔接方式主要有两种，一种是浸出液先用锌焙砂（或含硅低的氧化锌矿）中和残酸后，并入焙烧—浸出流程的中性浸出段。另一种是浸出溶液不经中和直接并入焙烧—浸出流程的酸性浸出段，残酸在酸性浸出段消耗一部分后，返回中性浸出。当锌焙砂或低硅氧化锌矿供应充足和经济时，可用锌焙砂或低硅氧化锌矿中和，降低浸出液的残酸量，此时，锌精矿的加压浸出工艺可以成为独立的湿法炼锌工艺。

5.3.1.2 酸锌比、添加剂对元素硫的转化影响的加压浸出扩大试验

扩大试验的硫化锌精矿化学分析结果列于表 5-6，物相分析结果列于表 5-7。主要矿物为闪锌矿、磁黄铁矿外，还有黄铁矿，其次为黄铜矿、方铅矿、红锌矿、少量氧化铅、辉铋铅矿等。脉石矿物为石英、碳酸盐。锌精矿粒度为 – 320

目占22.3%，经过湿式磨矿后，锌精矿粒度磨细到－320目占99.2%。试验用的浸出剂为工业化正常生产的锌电积废液，含硫酸176.88g/L、锌39.6g/L、氧化钾1.28g/L、氧化钠3.4g/L。

表 5-6   扩大试验硫化锌精矿化学成分

元　素	Zn	Cu	Cd	Pb	Fe	S	As
元素的质量分数/%	46.00	0.40	0.16	1.21	11.10	27.77	0.18
元　素	CaO	Al_2O_3	SiO_2	K_2O	F	Cl	
元素的质量分数/%	0.28	0.44	2.00	0.10	0.060	0.12	
元　素	In	Ge	Ga	Ti	Co	Ni	Sb
元素的质量分数/$g \cdot t^{-1}$	78	33	111	5	77	小于50	
元　素	Sb	Hg	Mn	Ag	MgO	Na_2O	
元素的质量分数/$g \cdot t^{-1}$	79	147	55	96	750	120	

表 5-7   锌精矿化学物相分析结果　　　　　　（%）

元　素	Zn		Fe	
物　相	(铁)闪锌矿	红锌矿＋锌矾	磁黄铁矿＋铁闪锌矿	黄铁矿＋黄铜矿
矿物的质量分数/%	42.06	3.64	6.60	4.93
元　素	Cu		Pb	
物　相	黄铜矿	硫酸铜＋氧化铜	方铅矿＋辉铋铅矿	氧化铅＋铅矾
矿物的质量分数/%	0.43	0.078	0.24	0.80

酸锌摩尔比及添加剂用量对元素硫转化率及分离效果的影响如下。

硫化锌精矿在150℃进行浸出，超过了硫的熔点（119℃）。温度的提高能加快反应速度，提高锌的浸出率，但是，当不加表面活性剂时熔融的硫往往包裹硫化矿物表面，阻碍反应的进一步进行，因此添加表面活性剂对浸出过程及元素硫的生成是很关键的。

试验结果表明，随着酸锌摩尔比的增加，锌镉浸出率也提高，酸锌摩尔比高于 1.22 以后，浸出率都在 97% 以上，因而显得增加的幅度不大，而随着酸锌摩尔比的提高，溶解于浸出液中的铁也增高，浸出液终酸含量也提高。

当酸锌摩尔比由 1.08 提高到 1.22 时，元素硫转化率明显提高，到 1.22 以后，变化规律不明显，元素硫转化已不再增加。

对浸出渣进行粒度 0.28mm 筛分分析，随着添加剂用量的增加，筛上渣率有减少的趋势，说明在同一操作条件下，添加剂用量增加，元素硫颗粒变细，如酸锌摩尔比为 1.22 时，添加剂木质磺酸钙量为 0.1%、0.3%、0.5% 时，浸渣中大于 0.28mm 的筛上产物分别为 2.1%、1.5%、0.55%。其中元素硫含量均在 80% 以上。

浸出渣中硫的分布计算表明：随着酸锌摩尔比的提高，渣中硫酸根趋于减少，说明当溶液中酸度高时，可能溶液中硫酸盐介质沉淀成铁矾类化合物减少。

对浸出渣中未反应的硫化物进行化学物相分析，随着酸锌摩尔比的提高，渣中闪锌矿、黄铁矿中硫有规律下降，说明酸锌摩尔比提高对以上金属的浸出率是有利的。

虽然酸锌摩尔比的提高对浸出过程有利，但酸用量的提高，进入溶液中的铁也相应提高，浸液终酸浓度也提高。因此，在选择条件时应该全流程综合考虑。

对不同酸锌摩尔比和添加剂用量获得的浸出渣进行浮选元素硫试验表明。在相同酸锌摩尔比条件下，随着添加剂用量的增加，元素硫精矿产率增加，品位明显下降，回收率变化不大，因此添加剂用量不宜过高。在添加剂用量相同时，酸锌摩尔比高于 1.22 后，对元素硫浮选影响不大。

根据对浸出结果及浸出渣残余硫化物化学物相分析结果综合分析，锌、镉浸出率 97% 以上，铜浸出率 85% 以上。硫有 92%~94% 转化为元素硫（对原矿硫化物），3% 左右为未反应的硫化物硫，有 3%~4% 左右的硫氧化成硫酸盐。

未反应的硫化物中黄铁矿中的硫约占 50%，这部分硫占黄铁矿硫的 7% 左右，说明在上述条件下，锌精矿中黄铁矿大部分被氧化了。有 1% 左右的锌没有分解，约 0.5% 左右的锌进入铁矾渣。

5.3.1.3 浸出过程的试验

锌精矿从浆化之后到加压浸出完毕的整个过程中，精矿中的各种成分发生了哪些变化，反应的先后顺序等都是十分重要的参数，通过规模为每次加锌精矿 25kg 的间断试验，分析溶液和浸出渣的成分及矿物组成，分析时间对浸出的影响。试验方法取预先磨到要求粒度的锌精矿与工业电积废液、表面活性剂进行调浆。将配制好的锌精矿矿浆加入高压釜中，用氧气升压至 0.4MPa，置换两次釜中的残留惰性气体，重新充氧气，升压到 0.6 MPa，开启加热系统，将温度升高到 150℃，控制温度稳定，浸出计时开始，并将压力逐渐升高到 1.1MPa。反应终了时，停止供氧、供热。整个浸出过程中每 20min 取样一次。两次试验浸出液成分变化结果如图 5-9、图 5-10 所示，浸出渣成分变化结果如图 5-11、图 5-12 所示。第一组试验中的前 40min 为升温阶段，从第 40min 开始取样。第二组试验从升温阶段开始取样，前 40min 为升温阶段。

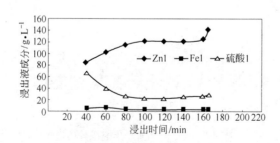

图 5-9　浸出时间对浸出液成分的影响

升温阶段：按照浸出工艺条件配料浆化，此时矿浆中硫酸的浓度约 128g/L，升压升温。在高酸作用下，闪锌矿、磁黄铁矿

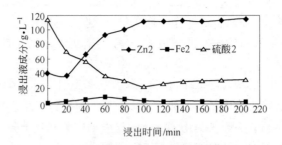

图 5-10　浸出时间对浸出液成分的影响

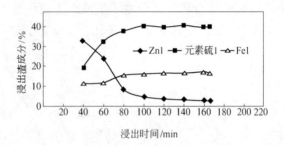

图 5-11　浸出时间对浸出渣成分的影响

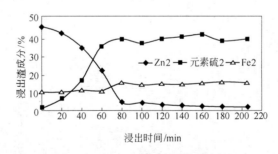

图 5-12　浸出时间对浸出渣成分的影响

开始溶解，生成少量元素硫，硫酸浓度下降到约 113g/L。随着温度的升高，溶解数量增加，当温度达 150℃时作为计算浸出时间的起点，此时矿浆中游离酸浓度已下降到约 70g/L，而锌的浓度达 70~80g/L，铁浓度约 5g/L，元素硫品位接近 20%，这表明已有相当数量的易溶硫化物（ZnS、FeS、CdS、PbS）被浸出。此时溶解的铁呈亚铁状态存在，溶液中 Fe^{3+} 浓度甚微，且酸度很大，因此没有铁矾相水解出来。锌精矿中（铁）闪锌矿的含量从 68% 下降约至 49%，而黄铁矿的含量从 5.89 富集到 9.32%，黄铜矿的含量从 1.40% 富集到 1.73%。这表明黄铁矿、黄铜矿的溶解滞后于（铁）闪锌矿。

浸出第一阶段：即在浸出进行 20min 时，溶液中硫酸浓度约下降到 40g/L，溶液中的铁出现极大值，约 7~8g/L，且主要呈亚铁状态，除升温阶段发生的浸出反应加速进行外，黄铜矿的溶解是在温度达到 150℃ 以后才开始。同时部分硫酸亚铁被氧化为硫酸铁。

在没有硫酸铁存在时，加压氧化酸浸只是缓慢地使硫化锌分解；硫酸铁的生成，将促进硫化锌溶解，这是因为：

$$ZnS + H_2SO_4 = ZnSO_4 + H_2S$$

$$Fe_2(SO_4)_3 + H_2S = 2FeSO_4 + H_2SO_4 + S$$

然后，硫酸亚铁按氧化再生，如此往复进行，直至反应比较完全为止，此时铁在反应过程中起着类似于催化剂的作用，充当了载氧体的角色。

浸出第二阶段：即浸出的第 20min 到第 40min，在此期间，锌、镉、铜的浓度和元素硫的品位明显增加，而渣含锌迅速降低。同时，渣中黄铁矿的矿物含量开始下降，说明此时黄铁矿才开始溶解。

浸出第三阶段：即浸出的第 40min 到第 60min，亚铁明显氧化水解成矾，溶液中的含铁量急剧下降，浸出渣中的铁品位升高。沉矾反应释放出硫酸，有利于锌、铜、镉等有价元素进一步浸出，元素硫的品位亦随之升高。

沉矾阶段：即浸出的第 60min 到第 80min，闪锌矿的溶解变慢，锌、镉浓度和元素硫品位增加缓慢，硫酸浓度降至最低点，铁矾相大量水解，除草黄铁矾和铅铁矾、黄钾铁矾外，黄钠铁矾也开始水解出来。

浸出进行到 80min 时，浸出渣中矿物的变化主要是钠铁矾和草黄铁矾水解析出。闪锌矿、黄铜矿和黄铁矿深度溶解，直到 120min 后，锌、铜、镉的浸出才趋于完全。然而浸出时间超过 100min 以后，渣中元素硫的品位有降低的趋势，可能是被氧化生成硫酸之故。

根据间断试验的结果可以推断，在连续浸出过程中，浸出温度、压力、氧在矿浆中的溶解量、溶液中的铁离子都处于较高水平，有利于整个浸出过程的加速进行，在 90min 完成全部的浸出和大量铁的沉淀是比较合适的。

5.3.1.4　硫酸的平衡问题

经过对试验投入、产出物料中的硫进行平衡计算，原料中 91% 的硫被分解，在加压酸浸过程中，被分解的硫有 93.2% 转化成元素硫、6.8% 转化成硫酸根。由于浸出后期酸度降低，铁以矾类矿物沉淀入渣，并使约 9.7% 的硫以铁矾渣中的硫酸根形式开路。略大于精矿中硫转化成硫酸根的量，因此不会出现酸膨胀的问题。精矿中 9% 的未转化硫以硫化物形态残留在渣中，浮选—热熔过滤后，可返回其他工艺处理。因此，锌精矿中硫的总利用率可达到 97% 左右。

5.3.1.5　半工业连续加压浸出

2002 年 10 月 ~ 2003 年 2 月，由云南冶金集团总公司组织，在其加压浸出半工业试验基地开展了连续加压浸出试验，试验加压釜如图 5-13 所示，压力釜规格为 $\phi 900mm \times 4280mm$，采用 3 + 12mm 厚的钛钢复合板卷焊，分四室，第 1 室有两个搅拌系统，第 2、3、4 室分别有一个搅拌系统。压力釜的几何容积为 3.24m^3，采用双端面密封，密封液自动伺服供应系统，最高工作压力为 1.5MPa，最高工作温度为 160℃。

试验原料为云南某铅锌选矿厂生产的锌精矿，密度为 4.3，粒度为 −320 目占 98%；精矿的化学成分结果见表 5-8。浸出电

图 5-13 半工业试验连续浸出高压釜

解废液为云南某铅锌公司工业电积锌正常生产废液,试验时随机从储槽中抽取电解废液。氧气为瓶装氧气,纯度 99.5%。其他添加剂都是工业标准生产的成品。

表 5-8 低铁锌精矿化学成分

元 素	Zn	Fe	S	As	Pb	Cu	Cd
元素的质量分数/%	49.45	4.78	27.53	0.78	3.11	0.2	0.49
元 素	Ni	Co	Ge	F	Cl	Sb	Ag
元素的质量分数/$g \cdot t^{-1}$	120	72	4.5	20	110	540	35.38

试验工艺原则流程如图 5-14 所示,硫化锌精矿、锌电积的电解废液(平均硫酸浓度为 140g/L,平均含锌为 46g/L)、表面活性剂同时加入搅拌桶中调浆,用加压泵连续将矿浆泵入加压釜中,用温度调节系统和氧气控制加压浸出的温度和压力,浸出后的料浆从加压釜的第四室连续排出。取样分析浸出液和浸出渣成分,浸出料浆送浓密机沉淀,浓密底流用工业板框压滤机过滤。

浸出试验连续进行了 3 天,分析样品 115 组。浸出液综合样成分变化范围和平均值见表 5-9,结果表明,由于精矿含锌品位高、含铁品位低,经过一段浸出工艺处理,浸出液平均含锌浓度

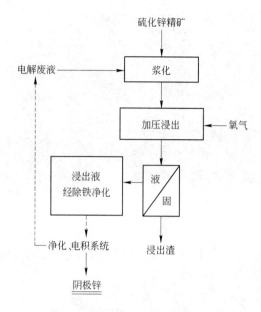

图 5-14　硫化锌精矿一段加压浸出工艺流程

达到 148.2g/L、平均残酸为 46.4g/L、全铁为 5.78g/L，这表明用一段浸出工艺处理硫化锌精矿，可获得较好的技术经济指标。浸出液含铁比同类锌精矿用传统高温高酸浸出工艺的浸出液含铁浓度（约为 10g/L）低，减少沉矾渣量。浸出液中的残酸可用传统焙烧工艺提供的焙砂进行中和。

表 5-9　浸出液综合样成分变化范围和平均值

成　分	Zn	H⁺	Fe	Fe²⁺	Mn
平均值/g·L⁻¹	148.2	46.4	5.78	2.54	19
最大值/g·L⁻¹	163.9	51.5	7.05	3	20
最小值/g·L⁻¹	134.8	38.5	4.52	2.16	12

成　分	As	Sb	Cu	Cd	Ni	Co	F	Cl
平均值/mg·L⁻¹	162	24	188	616	14	10	24	436
最大值/mg·L⁻¹	234	28	241	717	16	12	50	487
最小值/mg·L⁻¹	70	19	136	480	10	8	12	398

　　表5-10列出了硫化锌精矿连续浸出渣的成分，平均渣含锌达到了1.95%，元素硫含量为46%，铁含量为6.2%。由于精矿含锌品位高，渣率低，使铅、银在渣中的品位富集了一倍以上。

表5-10　浸出渣综合样成分变化范围和平均值

项目	成分（质量分数）/%							成分（质量分数）/g·t⁻¹			
	Zn	S⁰	Fe	As	Cu	Cd	Pb	Ag	Sb	Ni	Co
平均值	1.95	46	6.2	0.35	0.16	0.03	7.1	71	790	91	43
最大值	2.89	67	12.6	0.5	0.26	0.05	10	78	2300	120	77
最小值	1.35	24.5	3.7	0.23	0.09	0.02	2.6	51	380	65	10

　　表5-11列出了按每班渣样计算的主要成分浸出率以及相关指标，并对每一天的浸出指标进行算术平均。3天连续试验的汇总平均指标见表的最后一行。从表5-11看，渣率为48.25%，平均渣含锌为1.95%，对应的锌浸出率为98.09%，铁的浸出率为37.88%，元素硫的平均转化率为79.93%。

表5-11　一段加压浸出实验每班获得主要技术经济指标表

编号	渣锌/%	渣（浸出）率/%									S⁰转化率/%
		γ	Zn	Fe	As	Sb	Cu	Cd	Ni	Co	
M1	2.89	43.01	97.49	49.07	82.90	62.56	44.08	97.97	64.16	81.48	94.82
D1	1.35	46.10	98.76	30.55	79.90	45.36	78.33	97.74	75.03	93.60	79.07
N1	1.71	45.30	98.41	32.33	76.77	46.31	56.96	97.44	54.70	64.76	78.15
平均	1.98	44.77	98.21	37.53	79.87	51.60	59.30	97.72	64.40	79.66	84.18
M2	1.77	46.73	98.35		76.64	-99.02	50.94	97.36	57.17	67.55	83.23
D2	2.32	57.12	97.36	32.25	63.39	59.81	45.74	98.28	52.40	52.40	136.42
N2	2.01	43.42	98.23	64.30	81.07	50.14	71.77	97.13	70.69	81.30	68.90
平均	2.03	48.94	97.99	23.91	73.89	1.83	56.27	97.57	60.18	67.33	95.42
M3	2.05	53.45	97.57	58.52	81.50	29.73	59.92	95.46	63.92	76.99	80.81

编号	渣锌/%	渣（浸出）率/%									S^0转化率/%
		γ	Zn	Fe	As	Sb	Cu	Cd	Ni	Co	
D3	2.04	57.40	97.83	53.77	72.04	28.78	65.56	94.80	59.82	64.92	61.57
N3	1.39	43.54	98.75	43.71	87.16	44.37	78.23	97.86	72.06	53.44	38.06
平均	1.83	51.33	98.06	51.97	80.42	34.41	67.94	96.07	65.39	65.14	60.14
总计	1.95	48.25	98.09	37.88	78.13	30.02	61.15	97.13	63.37	70.96	79.93

　　浸出矿浆的沉降试验如图 5-15 所示，从沉降曲线可见，沉降 2h 后，浸出渣的沉降已经趋于稳定。

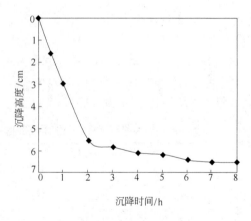

图 5-15　浸出料浆沉降试验

5.3.2　硫化锌精矿的两段加压浸出扩大试验

　　试验是在高铁硫化锌精矿加压浸出探索性试验的基础上，用 10L 高压釜，对高铁锌精矿加压浸出的精矿粒度、浸出温度、压力、搅拌转速及流程结构进行了详细的试验研究。

5.3.2.1　试验原料性质

锌精矿加压酸浸试验所用的高铁原料来自云南某矿选矿

厂常规选矿流程生产的浮选锌精矿；其主要化学成分见表 5-12。从表 5-12 化学成分分析结果可见，高铁锌精矿含铁为 13.23% ~15.87%。主要含锌矿物是铁闪锌矿。含银为 215 ~260.4g/t，银主要富集在渣中，试验时考察浸出渣中的含银量。钙、镁等耗酸脉石低于 1%，进行加压浸出前，常压分解钙、镁等脉石矿物。

表 5-12　高铁浮选锌精矿（9 级）化学成分

元　素	Zn	S	Fe	As	Sb	Cu	Cd
品位/%	40.13	29	15.87	2.4	0.28	0.88	0.28
元　素	Pb	Cl	CaO	MgO	Al_2O_3	SiO_2	$Ag/g \cdot t^{-1}$
品位/%	0.17	0.27	0.64	2.95	215	1.59	260.4

5.3.2.2　主要设备

10L 加压釜及管线配置如图 5-16 所示。锌精矿加压酸浸的关键步骤在于加压浸出，为实现加压浸出工艺能单独新建工厂，研究还进行了两段加压浸出的试验研究。模拟的两段工艺流程如图 5-17 所示。

图 5-16　10L 加压釜

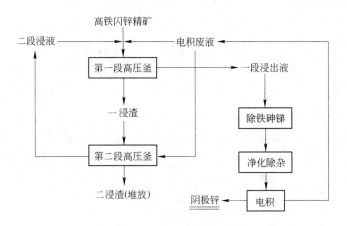

图 5-17　两段加压浸出工艺原则流程

　　来自选矿厂的锌精矿，首先经球磨机湿磨至所需要的粒度，浸出剂仿照工业生产电解废液成分，用化学纯硫酸锌和分析纯硫酸试剂人工配制而成。用工业纯氧做氧化剂，在高压釜中进行高温、加压氧化酸浸。锌、铜、镉等有价金属进入溶液，经净化分离后分别用常规方法回收。精矿中的硫在加压酸浸过程中，绝大部分转化为元素硫进入浸出渣，经浮选和热过滤后予以回收。铅、银和绝大部分铁也进入浸出渣，视其品位，考虑回收有价元素。

A　一段浸出优化条件试验

　　试验对含锌属于九级品的高铁锌精矿原料进行了典型电解废液酸浓度（140g/L）的浸出试验，浸出时间为 1.5h。两组试验的氧气纯度分别为 99.5%、93%。废液含酸 140g/L，废液含锌为 45g/L。每次精矿量为 500g，粒度为 −325 目占 100%。试验浸出液成分见表 5-13，浸出渣成分及主要成分的浸出率见表 5-14。平均锌浸出率达 98% 以上，铁浸出率低于 40%，浸出液平均残酸含量达到 48.67%。两种氧气浓度的试验结果基本接近。

表 5-13 综合试验浸出液成分

氧气纯度/%	浸出液成分/g·L^{-1}					
	Zn	TFe	Fe^{2+}	Cu	Cd	H$_2$SO$_4$
99.5		9.99	4.08	0.75	0.45	50.91
	118.51	13.85	3.94	0.77	0.47	49.38
	114.94	9.97	3.74	0.75	0.45	47.68
	124.45	10.06	4.06	0.82	0.46	48.87
	116.59	10.49	3.81	0.7	0.45	46.5
平　均	118.62	10.87	3.93	0.76	0.45	48.67
93	109.49	8.64	3.74	0.67	0.43	46.5
	122.29	7.76	3.54	0.72	0.45	45.31
	112.56	8.67	2.99	0.69	0.44	46.16
	119.08	9.16	3.38	0.66	0.43	52.95
	119.24	9.37	3.28	0.69	0.45	45.79
平　均	116.53	8.72	3.39	0.69	0.44	47.34

表 5-14 浸出渣成分及主要成分的浸出率

氧气纯度/%	渣率及渣成分/%			渣计浸出率/%			
	γ	Zn	T$_S$	Zn	Fe	Cu	Cd
99.5	58.84	1.74	38.77	97.41	40.48	83.66	95.59
	55.62	0.94	45.41	98.68	49.06	81.46	95.83
	57.43	1.06	37.76	98.46	38.69	74.47	94.50
	62.85	0.83	39.86	98.68	36.24	65.08	95.02
	61.33	2.05	41.32	96.82	34.57	79.56	96.42
平　均	59.21	1.32	40.62	98.01	39.81	76.85	95.47
93	60.06	0.94	45.54	98.57	43.75		
	63.45	0.92	39.07	98.52	31.61	78.85	49.77
	61.05	1.13	39.83	98.25	37.51	66.08	95.17
	60.65	0.97	42.87	98.51	39.53	73.05	96.97
	61.66	0.97	44.75	98.46	39.35	74.46	96.15
平　均	61.37	0.99	42.41	98.46	38.35	73.11	84.51

　　一段优化条件综合浸出试验结果表明：加压浸出工艺对于低锌、高铁原料具有稳定的适应性，但随着锌精矿含锌量的降低，

经济效益将受到影响。经一段加压浸出工艺浸出 1.5h 后，平均锌浸出率达到 98.01% ~ 98.46%，平均铁浸出率达到 38.35% ~ 39.81%，因此锌精矿中铁含量越高，浸出液中的铁含量会相应升高。在保证锌浸出率的前提下，比传统高温高酸浸出工艺的铁浸出率大幅度降低，较好地实现锌的选择性浸出。

一段加压浸出工艺的平均残酸保持在 47.34 ~ 48.67g/L，在中和除铁工序中，需要大量的锌焙砂作为中和剂，因此，一段加压浸出工艺比较适合于"焙烧—浸出"传统湿法炼锌工厂的扩建，加压浸出工艺提供了广泛的原料适应性，扩大原料范围，由传统焙烧工艺提供锌焙砂作为中和剂。在锌焙砂紧缺地区，不适合采用一段加压浸出工艺。

B　高铁硫化锌精矿二段高压氧浸工艺研究

在一段加压浸出试验中，较好地实现了锌的选择性浸出，但在保证锌浸出率达到 96% 以上时，浸出液平均残酸都高于 33g/L。需要消耗大量焙砂作为中和剂，在锌焙砂紧缺地区，难以实现产业化。研究二段加压浸出工艺，降低浸出残酸的浓度，减少中和剂的消耗。

a　二段开路浸出工艺试验

二段开路浸出工艺是在较低温度下，控制较低的酸锌比，将高铁锌精矿浸出 60min，降低浸出液中的砷、锑和残酸浓度。一段浸出渣再进行提高温度和压力的第二段浸出，经过 90min 的第二段浸出，降低渣含锌品位，保证锌的浸出率。锌精矿成分见表 5-12 的九级品，精矿粒度为 -320 目占 98%。第一段浸出液成分见表 5-15，第二段浸出渣成分及对应的浸出率见表 5-16，第二段浸出液成分见表5-17。经 5 次重复试验的每吨矿的平均耗氧量为 138.89m³。

表 5-15　第一段浸出液成分　　　　　　　　（g/L）

编号	Zn	T_{Fe}	Fe^{2+}	Cu	Cd	H_2SO_4	As	Sb
K1y-1	72.52	9.97	0.16	0.19	0.24	3.39	0.26	0.09
K1y-2	66.95	7.78	5.87	0.23	0.35	2.95	0.24	0.08

编　号	Zn	T_{Fe}	Fe^{2+}	Cu	Cd	H_2SO_4	As	Sb
K1y-3	63.83	8.43	7.19	0.22	0.34	3.05	0.22	0.12
K1y-4	60.83	8.83	7.59	0.2	0.31	2.21	0.35	0.07
K1y-5	64.45	9.06	7.73	0.22	0.32	2.65	0.16	0.17
平　均	65.71	8.81				2.85	0.25	0.11

表 5-16　第二段浸出渣成分及对应的浸出率

编号	二段浸出后渣率及渣成分/%			第二段渣计浸出率/%				
	γ	Zn	T_S	Zn	Fe	Cu	As	Sb
K2z-1	59.31	2.34	40.98	96.70	28.0	81.9		10.1
K2z-2	58.10	1.51	43.45	97.91	37.9	83.8	28.23	49.4
K2z-3	58.50	1.51	47.96	97.90	38.7	82.2		35.8
K2z-4	58.23	1.4	48.59	98.06	41.3	83.7	16.47	36.1
K2z-5	58.90	1.7	51.12	97.62	44.5	85.5	12.31	33.5

表 5-17　第二段浸出液成分表　　　（g/L）

编　　号	Zn	T_{Fe}	Fe^{2+}	Cu	Cd	H_2SO_4	As	Sb
K2y-1	107.69	2.67	2.09	1.06	0.48	21.11	0.45	0.12
K2y-2	103.75	3.87	2.93	1.11	0.45	30.61	0.68	0.08
K2y-3	113.8	4.3	2.71	1.29	0.48	32.92	0.74	0.12
K2y-4	112.31	4.57	3.45	1.27	0.47	33.6	0.77	0.13
K2y-5	111.95	3.2	2.75	1.08	0.41	25.12	0.029	0.11
平　均	109.9	3.72	2.79	1.16	0.46	28.67	0.53	0.11

二段开路试验的结果表明：二段浸出工艺中的第一段浸出液的平均残酸量可降低到 2.85g/L，浸出液中的总铁平均含量为 8.81g/L，平均砷含量为 0.25g/L，平均锑含量为 0.11 g/L。平均含锌浓度达到 65.71g/L，如果在二段闭路浸出试验中，将平均含锌为 109.9g/L 的第二段浸出液返回第一段浸出，第一段浸出液的锌浓度将可以达到净化前液的标准要求。

b　二段闭路浸出工艺试验

　　二段闭路浸出试验是将成分如表 5-17 所列的第二段浸出液返回第一段加压浸出，用高铁锌精矿加压浸出中和第二段浸出液中的残酸，并使第二段浸出液的含锌浓度提高到净化前液的标准。锌精矿粒度为 -320 目占 98%。氧气纯度为 99.5%。第一段浸出时间 60min，第二段浸出时间 90min。

　　第一段闭路浸出液成分见表 5-18，第二段浸出渣成分及对应的浸出率见表 5-19，第二段浸出液的成分见表 5-20。

表 5-18　第一段闭路浸出液成分　　　　　　（g/L）

编　号	Zn	T_{Fe}	Fe^{2+}	Cu	Cd	H_2SO_4	As	Sb
B1y-1	112.58	9.89	6.2	0.77	0.45	3.22	0.28	0.12
B1y-2	124.12	10.89	6.15	0.84	0.46	4.62	0.27	0.09
B1y-3	114.89	10.89	3.59	0.77	0.45	3.05	0.31	0.09
B1y-4	132.41	11.89	4.1	0.96	0.45	5.43	0.48	0.14
B1y-5	126.43	10.99	5	0.91	0.44	3.36	0.48	0.12
B1y-6	123.31	9.46	4.9	0.84	0.44	3.05	0.42	0.12
B1y-7	115.43	10.8	4.22	0.76	0.43	3.22	0.37	0.12
B1y-8	123.44	12.07	6.37	0.88	0.45	3.77	0.36	0.09
平　均	121.58	10.86	5.07	0.84	0.45	3.72	0.37	0.11

表 5-19　第二段浸出渣成分及对应的浸出率

编　号	渣率及第二段浸出渣成分/%			渣计浸出率/%				
	γ	Zn	T_S	Zn	Fe	Cu	As	Sb
B2z-1	59.30	2.57	42.13	96.37	29.1	84.9	31.8	6.3
B2z-2	53.28	1.62	45.45	97.94	37.7	81.0	62.4	58.8
B2z-3	54.22	1.73	44.81	97.77	33.3	84.8	62.2	40.5
B2z-4	62.79	2.29	47.2	96.58	24.9	82.4	53.7	37.2
B2z-5	49.93	1.62	44.37	98.07	37.2	86.0	65.2	38.8
B2z-6	61.98	1.49	45.11	97.80	23.2	82.6	54.3	24.0
B2z-7	61.85	1.57	42.11	97.69	20.6	82.7	51.3	26.2
B2z-8	60.78	1.68	45.4	97.57	25.2	83	53.3	19.6
平　均	58.02	1.82	44.57	97.47	28.9	83.43	54.28	31.43

表 5-20 第二段浸出液的成分 (g/L)

编 号	Zn	T_{Fe}	Fe^{2+}	Cu	Cd	H_2SO_4	As	Sb
B2y-1	126.62	4.1	2.38	1.17	0.44	24.27	0.5	0.13
B2y-2	117.6	4.01	2.28	1.12	0.43	29.22	0.59	0.12
B2y-3	127.24	4.43	2.28	1.37	0.44	29.87	0.56	0.08
B2y-4	137.43	3.01	1.94	1.36	0.45	22.57	0.62	0.08
B2y-5	129.34	4.73	2.9	1.36	0.44	34.91	0.79	0.08
B2y-6	136.61	5.73	3.3	1.4	0.44	39.51	0.97	0.09
B2y-7	128.47	4.83	2.52	1.32	0.43	32.92	0.45	0.12
B2y-8	125.07	2.47	1.97	1.32	0.42	27.83	0.31	0.14
平 均	128.55	4.16	2.45	1.30	0.44	30.14	0.60	0.11

两段闭路浸出试验结果表明：第一段浸出液的平均残酸分别为 3.72g/L、浸出液平均含锌浓度分别达到 121.58 g/L、平均含铁可控制在 10.86g/L 以下；砷、锑合计含量达到 0.48g/L，在连续试验中应该重点考虑砷、锑的沉淀问题。每吨精矿的浸出平均耗氧量为 147.98m³；以第二段渣计的平均锌浸出率为 97.47%，平均渣含锌 1.82%，硫在渣中的分布率为 89.17%。

将第一段浸出时间延长到 90min，进行了 4 组重复试验，浸出液中的含锌浓度提高到 136.97g/L，全铁含量上升到 12.23g/L，而二价铁反而下降到 2.82g/L。每吨精矿的浸出平均耗氧量为 143.99m³，但延长浸出时间后，铁浸出率提高到 49.2%，这将导致除铁负荷加重，铁渣量增大，降低锌的回收率。而硫在渣中的分布率降低到 71.90%，这标志着硫转化成硫酸的量过大，将导致酸难以平衡。因此，在两段浸出工艺中，第一段的浸出时间不宜太长。

C 两段连续浸出工艺的半工业试验

以云南某铅锌矿正常生产的高铁锌精矿为原料，经闭路磨矿，保证精矿粒度为 -320 目占 98%，精矿的化学分析结果见表

5-21，精矿含铁达到 15. 22%，含锌只有 38. 2%。密度约 4. 17g/cm³，在设备试验和工艺条件的基础上，两段浸出工艺的第一段连续浸出工艺稳定运行了 6d，第二段连续浸出 4d，试验结果见表 5-22。

表 5-21　高铁锌精矿化学成分

成　分	Zn	Fe	S	Pb	Cu	Cd	CaO	MgO	Al₂O₃	SiO₂
元素的质量分数/%	38. 2	15. 22	28. 59	3. 18	0. 64	0. 38	1. 67	0. 98	0. 4	2. 42
成　分	F	Cl	Ge	Co	Ni	As	Sb	Ag	Au	
元素的质量分数/g·t⁻¹	200	25	1. 9	28	20	8900	230	212. 88	0. 4	

表 5-22　锌精矿加压加压浸出半工业试验指标

主要指标	高铁锌精矿的两段加压浸出		低铁锌精矿的一段加压浸出
	第一段	第二段	
渣含锌/%		2. 2	1. 95
渣计锌浸出率/%		93. 2	98. 1
渣计铁浸出率/%	0. 04	15. 2	37. 9
元素硫转化率/%	45. 63	80	79. 93
浸出液含锌/g·L⁻¹	129	122	148
浸出液含铁/g·L⁻¹	2. 65		5. 78

试验方法：为了用一台釜进行两段浸出试验，先用加压釜生产制备第二段浸出液，模拟进行第一段浸出，第一段加压浸出得到的低残酸、低铁浸出液经取样分析后，送除铁、净化工序。将第一段连续浸出的渣合并，进行第二段连续浸出，对浸出渣取样分析，计算主要金属的浸出率和元素硫的转化率。表 5-23 列出了加压釜预先制备的第二段浸出液与连续浸出试验的第二段浸出液成分。从表 5-23 的预制第二段浸出液成分与试验所获得的成分接近，特别是残酸含量、总铁及二价铁的含量都非常接近，模拟的第一段浸出是具有代表性的。浸出电解废液为工业电积锌正

常生产废液，试验时随机从储槽中抽取，电解废液平均酸浓度 140g/L，平均含锌 46g/L。氧气为瓶装氧气，纯度为 99.5%。模拟的两段连续浸出半工业试验流程如图 5-18 所示。

表 5-23 预先制备和试验所获得第二段浸出液成分

元 素	Zn^{2+}	H^+	Fe	Fe^{2+}	Mn
预制/g·L^{-1}	102.15	64.96	8.19	4.92	16
试验/g·L^{-1}	122	63	8.9	4	

元 素	As	Sb	Cu	Cd	Ni	Co	F	Cl
预制/mg·L^{-1}	491	20.4	310	386	24	11	16	335
试验/mg·L^{-1}	286	21	370	472	10.9	5.2	18.1	371

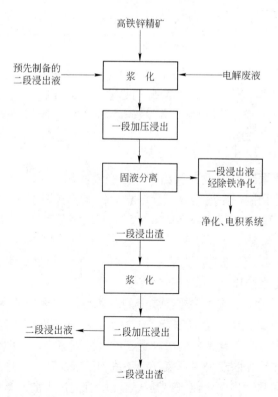

图 5-18 二段加压连续浸出工艺流程

a 第一段连续加压浸出

第一段加压浸出工艺流程见图 5-18 的第一段，预热后的矿浆连续泵入加压釜中。试验历时 6 天，分析化验样品 150 组，试验取的第一段浸出液综合样成分变化范围和平均值见表 5-24。

表 5-24 第一段浸出液综合样详细分析结果范围和平均值

成　分	Zn	H$^+$	Fe	Fe^{2+}	Mn
平均值/g·L^{-1}	129	3.95	2.65	1.61	14.4
最大值/g·L^{-1}	135	6.3	5.21	2.68	15.9
最小值/g·L^{-1}	117	1.81	1.19	0.97	11.7

成　分	As	Sb	Cu	Cd	Ni	Co	F	Cl
平均值/mg·L^{-1}	127.5	20.6	561	684	9.6	7.1	17.9	317
最大值/mg·L^{-1}	281	38.6	1101	857	14	4.4	50	460
最小值/mg·L^{-1}	52.5	10.4	250	568	4.1	12.9	5	261

注：表中各元素的平均值为算术平均值。

表 5-24 结果表明：二段加压浸出工艺中的第一段浸出液可以达到平均残酸 3.95g/L，平均含铁 2.65g/L，平均含锌浓度 129g/L 的合格锌浸出液。有害杂质砷平均含量为 127.5mg/L，锑平均含量 20.6 mg/L，为下道净化工序除去各种杂质达到电积合格液奠定了基础。

对比表 5-23 的预制浸出液成分和表 5-24 的第一段浸出液成分发现，预制浸出液经第一段浸出后，在含锌浓度从 102.15g/L 提高到 129g/L，残酸从 64.96 g/L 大幅度降低到 3.95g/L，总铁含量从 8.19g/L 降低到 2.65g/L，砷从 491mg/L 降低到 127.5mg/L，获得低残酸、低铁、砷的一段浸出液，将铁、砷尽可能固定在渣中。

第一段浸出渣的综合样成分的变化范围和平均值见表 5-25。从表 5-25 的渣成分看，锌精矿中 40% 以上的锌在第一段被浸出，平均砷浓度高于锌精矿的含砷量，砷沉淀到渣中。按照每天浸出渣综合样计算的浸出率及氧气消耗量列于表 5-26，表中的负数表示酸度降低后，铁、砷、锑等从溶液中沉淀进入渣。整个浸出试验连续、稳定。特别是在 2002 年 12 月 24 ~ 26 日 3 天的试验结果十分稳定,将 3 天试验指标的平均值为:渣率 105.40%(由于酸度降低,返回的浸出液中的铁、砷形成矾类物质沉淀,因此渣率超过 100%)、渣含锌 21.6%、锌浸出率 40.9%、镉浸出率 44.2%、元素硫转化率 45.63%。每浸出 1t 锌金属消耗氧气平均值为 594kg。锌的平衡率平均为 88.87%。

表 5-25 第一段浸出渣的综合样成分的变化范围和平均值

项 目	成份(质量分数)/%							
	Zn	S⁰	Fe	As	Sb	Cu	Cd	Pb
平均值	21.3	12.2	16.7	1.03	0.02	0.54	0.21	2.87
最大值	27.8	16.8	21	1.91	0.03	0.74	0.26	3.83
最小值	15.8	9.08	14.1	0.54	0.02	0.39	0.02	1.92

项 目	成分(质量分数)/$g \cdot t^{-1}$				
	Ag	Ni	Co	F	Cl
平均值	191	21.8	20.3	22.3	66
最大值	217	52	35	210	210
最小值	129	13	8.3	0	0

表 5-26 第一段连续 6 天浸出渣每天综合样计算浸出率及指标

试验日期	渣率/%	渣含锌/%	浸出率/%			
			Zn	Fe	As	Sb
12-22-2002	99.69	25.1	34.5	-1.1	-4.4	15.2
12-23-2002	107.92	24.6	30.5	-15	-17	3.05
12-24-2002	94.93	23.5	41.6	9.39	4.90	20.2
12-25-2002	104.34	21.6	41	2.14	15.7	-6.0
12-26-2002	116.94	19.6	40	-10	-72	-1.9
12-27-2002	105.78	26	28	-15	-109	14.6

试验日期	浸出率/%				S⁰转化率/%
	Cu	Cd	Ni	Co	
12-22-2002	10.4	47.5	24.9	45.0	43.9
12-23-2002	-7.6	34.5	12.8	55.9	46.7
12-24-2002	23.2	42.8	18	24	41.6
12-25-2002	8.18	38.3	-5.6	8.6	43.5
12-26-2002	9.30	61.6	-21	3.04	51.8
12-27-2002	-49	36.5	25.3	34.4	48.1

　　b　第二段连续加压浸出

　　第二段连续加压浸出的工艺见图 5-18 的第二段，将第一段浸出渣（综合含锌 21.33%）用电解废液浆化后，经预热加压浸出 1.5h，分别对浸出液、浸出渣取样分析。试验连续进行 4d，共分析样品 67 组。试验取的第二段浸出液综合样成分变化范围和平均值见表 5-27。平均含锌 122g/L、残酸 63g/L、铁 8.9g/L、砷 286mg/L，为典型的高残酸、高杂质浸出液，工业化工艺时可连续返回第一段浸出，中和残酸、使铁、砷等杂质沉淀。

表 5-27　第二段浸出液综合样详细分析结果范围和平均值

项　目	成分（质量分数）/g·L^{-1}			
	Zn	H$^+$	Fe^{3+}	Fe^{2+}
平均值	122	63	8.9	4
最大值	138	75	11	6.1
最小值	105	41	7.5	2.6

项　目	成分（质量分数）/mg·L^{-1}							
	As	Sb	Cu	Cd	Ni	Co	F	Cl
平均值	286	21	370	472	10.9	5.2	18.1	371
最大值	510	31	808	714	27.4	9.1	19	485
最小值	117	11	216	286	6.7	1.4	14	317

　　第二段浸出渣的综合样成分的变化范围和平均值见表 5-28。从表 5-28 的渣成分看，经过两段浸出后，平均渣含锌为 2.2%，铁富集到 22%，元素硫达到 27%，贵金属银也富集到 343g/t。可用传统浮选工艺浮选硫化物，使铅、银进一步富集的浮选尾矿中，当元素硫可获得合理的经济效益时，可用热熔过滤技术分离元素硫。

表 5-28　第二段加压浸出渣的综合样成分的变化范围和平均值

项　目	成分（质量分数）/%						
	Zn	S^0	Fe	As	Cu	Cd	Pb
平均值	2.2	27.0	22	1.05	0.31	0.47	5.8
最大值	3	30.3	26	1.48	0.45	0.41	9.1
最小值	1.7	20.8	18	0.68	0.12	0.01	3.2

项 目	成分（质量分数）/g·t^{-1}			
	Ag	Sb	Ni	Co
平均值	343	260	18	15
最大值	398	390	37	32
最小值	253	210	0	2

按照每天浸出渣综合样计算的浸出率及氧的消耗量列于表 5-29，表中的数据均以渣成分中各种金属含量来计算各金属浸出率，以渣计锌金属回收率来计算各种锌浸出消耗；各指标日累计值是以每天中 3 个班的各种数据经加权累计来计算获得。本段锌浸出负荷为 57%。4 天连续浸出试验的平均渣含锌为 2.24%，对一段浸出渣为 21.33% 的平均渣计浸出率为 93.2%，元素硫的转化率为 80.0%，平均铁浸出率为 19.9%，保证大量的铁固定在渣中，实现锌的选择性浸出，验证了小型试验的结果。

表 5-29 第二段浸出渣每天综合样计算浸出率及指标

试验日期	渣率 /%	渣含锌 /%	第二段作业浸出率/%				
			Zn	Fe	As	Sb	Cu
01-01-2003	64.69	2.44	92.6		8.5	7.47	40.9
12-29-2002	51.59	2.15	94.8	32.8	42.6	41.8	76.4
12-30-2002	68.18	2.19	93	23.4	50.2	39.3	59.3
12-31-2002	80.24	2.10	92.1	3.50	26.7	22.2	37.7
平 均	64.75	2.24	93.2	19.9	31.9	27.8	54.5

试验日期	第二段作业浸出率/%			S^{0}转化率/%	锌平衡/%	耗氧量/kg·t^{-1}（锌）
	Cd	Ni	Co			
01-01-2003	93.2	6.5	19.3	74.6	99.4	588
12-29-2002	68.7	56.3	82.6	112.9	97.3	635
12-30-2002	95.8	37.9	49.6	79.3	95.7	719
12-31-2002	95.2	53.4	55.7	53.2	120	828
平 均	87.5	37.8	51.8	80.0	102	678

将两段渣计浸出率合并后，主要成分的浸出率见表5-30。元素硫在渣中的分布率为93%。

表 5-30　高铁锌精矿的两段浸出工艺的浸出率

元　素	Zn	Fe	As	Sb	Cu	Cd	Ni	Co
浸出率/%	96	15.2	18.7	30.7	60.7	93.5	35.8	57.4

5.4　国外硫化锌精矿加压浸出工业实践

锌精矿加压酸浸的浸出温度一般为 423K，氧分压为0.7MPa，浸出时间为 90min。锌的浸出率可达 96% 以上，硫的回收率约为 80% 以上。经浮选和热熔过滤可得含硫 99.9% 以上的元素硫产品。

锌精矿加压浸出的第一个工业化生产厂是加拿大科明科公司的特雷尔厂，随后的两个厂是位于加拿大安大略省的蒂明斯厂和德国的鲁尔锌厂，第四个是 1993 年投入运行的加拿大哈德逊湾矿业公司。现分别将 4 个工业化工厂的情况分别叙述如下。

5.4.1　特雷尔厂（Trail）

5.4.1.1　Trail 厂的锌生产

位于加拿大不列颠哥伦比亚省的 Trail 厂最早建于 19 世纪末，用来冶炼附近的 Rossland 矿山的铜矿石和金矿石，1906 年，成立 Cominco 公司，Trail 厂成为 Cominco 公司的主要冶炼基地。该厂为铅锌冶炼厂，锌冶炼能力为 290kt/a，铅生产能力150kt/a，是世界上生产能力最大的锌冶炼厂之一。同时还副产硫酸、硫酸铵和亚硫酸氢铵等化工产品，并回收镉、铟等金属。该厂职工约 2000 多人，其中锌厂 800 人。

从 1977 年开始，该厂进行了现代化的改造，其主要标志是电解采用大面积阴极板自动化操作，铸型采用大型电炉，并在世界上第一家采用锌精矿氧压酸浸新工艺。该厂锌冶炼工艺流程如

图 5-19 所示：湿法冶炼的锌分三部分：一是锌精矿沸腾焙烧的焙砂，金属量为 650t/d，二是锌精矿的氧压浸出溶液，金属量为 120～150t/d，三是铅冶炼厂的烟化炉烟尘，提供的金属量为 100t/d。

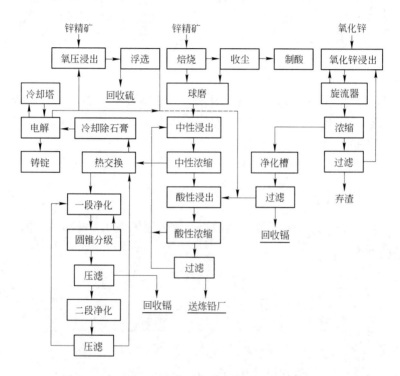

图 5-19 Trail 电锌厂工艺流程

锌精矿的焙烧是两台炉床面积为 $84m^2$ 的鲁奇焙烧炉。焙烧烟气 SO_2 含量 7%，烟气量 18.6 万 m^3/h，经处理后制酸。焙砂和烟尘球磨后送两个容量为 2750t 的储仓中，供浸出用。

氧化锌烟尘来自铅冶炼厂。经浸出除去 F、Cl，除 F、Cl 的程度与原料含钙有关，一般可除 85%。除 F、Cl 后的氧化锌用废液浸出，浸出液除镉后送焙砂浸出酸浸工序。

氧压浸出在 $\phi3.7m \times 15.2m$ 的 4 室卧式高压釜中进行。浸出前精矿经球磨，浸出矿浆浮选回收硫，浮选尾矿和浸出液一起送焙砂浸出工厂的酸浸工序。浮选硫后的氧压浸出矿浆（含浸出液及浮选回收硫后的浮选尾矿，其含固量为 50g/L）、除镉后的氧化锌浸出液和电解废液一起加入酸性浸出槽，同时加入焙砂进行酸性浸出。酸性浸出为 4 个串联的机械搅拌槽，各槽的 pH 值依次为 1.8、2.2、3.8、3.2。pH 值为自动控制。酸浸后的矿浆送到 3 个 ϕ25m 的浓缩槽，浓缩槽溢流含固量为 5g/L，pH 值为 3.5，送中性浸出。底流密度为 1.8g/cm^3，含固量 600g/L，经木耳过滤机和圆盘过滤机两次过滤。浸出渣成分：Zn18%，其中 2% ~ 3% ZnSO$_4$、2% ~ 3% ZnO 、12% Pb、23% Fe。送铅冶炼厂回收铅、锌。

酸性上清送中性浸出。中性浸出为 4 个连续浸出槽。由于原矿含锗高达 1.20×10^{-4}，故在浸出时，为使除锗彻底而使用过量焙砂。中性浸出矿浆送至 5 个 ϕ15m 的中性浓缩槽。底流含固 250g/L，送第 3 个酸性浸出槽。上清含固 5mg/L，送净液车间，其成分见表 5-31。

表 5-31　上清液成分

元　素	Zn	Cd	Ge	As	Cu	Co	Ni	Sb
元素的质量分数/mg·L^{-1}	143/g·L^{-1}	150	0.04	0.05	150	2.3	0.5	0.8

净液为两段锌粉净化。净化前需将 55 ~ 60℃ 的中性上清加热到 75℃。溶液加热是在 Croll Reynolds 的间接热交换器中进行，该热交换器的特点是使用二次净化后的温度为 72℃ 的溶液，辅以少量蒸汽及真空使溶液加热到所需的 75℃，而净化后的高温溶液则降温至 55 ~ 60℃。

加温到 75℃ 的溶液到第一段净化。是在 5 个串联的体积为 60m^3/个的机械搅拌槽中进行，净化时间为 60min；锌粉加入量为 1.5g/L；酒石酸锑钾为 0.8 ~ 1mg/L。

第二段净化是由第一段净化的压滤后溶液在两个机械搅拌槽中进行，锌粉用量为 0.3 ~ 0.5g/L，净化时间为 15min。

二段净化后溶液送热交换器，再经空气冷却塔冷却到 20℃，送浓缩槽澄清硫酸钙后送储槽至电解。

锌电解厂房是密闭式的，采用机械通风，两边墙上设有机械通风口。锌电解自动化程度很高，自动化出槽、装槽。电解槽共 4 列，每列 132 个槽，每槽 50 片阴极，阴极面积 3m²。厂房设有 4 台自动剥锌机，每一列的阴极都可以由吊车送到任何一台剥锌机，剥锌机为侧面开口式单板机，剥锌和平板都在机内完成，每天剥锌 8800 片。电流密度为 $D_A = 350 \sim 400\text{A}/\text{m}^2$，析出周期为 72h。电解混合液含 Zn55g/L、H_2SO_4 145g/L、温度 30℃，废液含 Zn50g/L、H_2SO_4 140g/L、温度 35℃。废液用空气冷却塔冷却。阴极制造由一机器人完成，导电母板自动焊接，只需配备一个人在粘塑料边时辅助。

铸型车间有 3 台感应熔化炉，其中 2 台功率为 2000kW，1 台功率为 3000kW，在熔化炉周围都设有几台小电炉，作为配制不同成分的合金用。锌液由石墨输送泵从大炉泵至小炉，石墨泵靠压缩空气驱动。纯锌除生产 25kg/锭锌锭外，还生产用于连续铸造的大重量锌锭，锭的长短根据客户需要切断。锌锭成分见表 5-32。

表 5-32　锌锭成分

元　素	Zn	Pb	Cd	Cu	Fe
元素的质量分数/%	99.99	≤0.0017	≤0.001	≤0.001	0.002

5.4.1.2　Trail 厂锌精矿加压浸出

Trail 厂锌精矿加压浸出于 1981 年 1 月投产。设计年生产能力为处理锌精矿 64kt（188t/d），生产锌 30kt，元素硫 18kt。它是 Trail 厂于 1977 年开始进行的锌系统技术改造扩建的一部分。

锌精矿直接加压浸出技术是 Sherritt Gordon 公司在 20 世纪 50 年代后期首先提出的，最初的试验是在低于硫的熔点下进行的，在 70 年代发现在添加表面活性剂的情况下可以在高于硫的熔点温度下浸出，这就使反应速度大为提高。使加压浸出—电积流程比焙烧—浸出—电积流程更为经济。1977 年 Cominco 公司和 Sherritt Gordon 公司联合进行了日处理 3t 的中间工厂试验，1981 年工业装置投入生产。锌精矿加压浸出具有投资省；硫以元素硫回收，减少环境污染；减少铅系统渣处理量；技术先进等优点。

A　生产简况

Trail 厂锌加压浸出自投产以来，对原设计进行了不断的改进，使操作稳定，生产能力逐年提高，1988～1989 年，锌精矿的处理能力已达到 117kt/a，1994 年最高月处理锌精矿达到 11.3kt（376.7t/d）。

加压浸出车间有操作工人 12 人，分 4 班，每班 3 人。维修工人 10 人，其中管道工 2 人，机械修泵工 1 人，仪表工 1 人，外请电焊工、电工、钢件加工工人各 2 人。工厂人员素质很好，都经过培训。操作控制自动化程度高，主要手工操作是硫过滤后卸渣。

B　工艺流程和指标

Trail 锌精矿加压浸出工艺流程如图 5-20 所示。锌精矿为 Sullivan 矿，其主要成分为：Zn49%、Pb4%、Fe11.0%、S30.0%。浸出给入废电解液含 H_2SO_4150g/L，用 93% 的浓硫酸调至含 H_2SO_4165g/L。纯氧作氧化剂，添加剂为木质磺酸盐，加入添加剂是防止熔化的硫包裹硫化锌精矿而阻碍锌的进一步浸出。

锌精矿用调速运输皮带自 300t 储仓运往球磨机进行湿式磨矿。球磨机规格为 $\phi 2m \times 3m$，电机功率 149kW，球磨后精矿由 10 个旋流器进行分级，旋流器压力为 0.28MPa，底流返回球磨，98% 小于 $44\mu m$ 的溢流矿浆进入浓密机（直径 15.24m，深 2.44m，耙臂为普通钢），浓密机底流密度为 $2.14g/cm^3$，含固量为 70%，底流至精矿给料槽，在给料槽中加入木质磺酸盐，加入量为 0.1g/L。溢流返回磨矿补充用水。

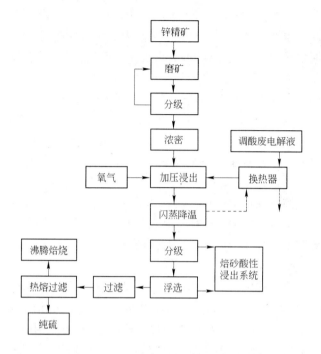

图 5-20 Trail 锌精矿加压浸出工艺流程

精矿浆用 Zimpro 型隔膜泵泵入四室高压釜第 1 隔室，泵的压力 1.72MPa。隔膜一年只需更换两次。釜内反应温度为 145℃，压力为 1.27MPa，反应时间为 40~60min，釜内氧气浓度为 89%，排气量为 300m³/h，排出釜内惰性气体。氧的利用率为 90%。

浸出后矿浆从釜内排出到闪蒸槽，压力由减压阀调节（减压阀寿命为 3~4 月），温度降低，但要保持硫在熔化状态，闪蒸槽的蒸汽用来预热废电解液。液体蒸发量约为 8%~10%。闪蒸槽装有放射性液面探测器，上、下部装有压力测量装置。

闪蒸槽矿浆排至调节槽，调节槽内冷却蛇管将矿浆温度降至 85℃，熔融态的无定形元素硫转变为单斜硫，硫珠细小而均匀。

在调节槽停留的时间至少 20min，调节槽搅拌速度为 45r/min。

矿浆由调节槽上部排出泵送至水力旋流器。旋流器底流浸出浮选回收元素硫，底流含 98% 元素硫，旋流器溢流进焙砂浸出系统，有 2% 元素硫进入溢流。

浮选在 6 个浮选槽内进行，二段粗选、二段精选、二段扫选。浮选温度 70℃，温度对浮选的影响不大，浮选时不需加入药剂。浮选后精矿经圆筒过滤机过滤，精矿呈黑色。浮选尾矿为氧化物渣，不经脱水的尾矿与旋流器溢流合并送到焙砂浸出系统。

经圆筒过滤机过滤后，滤饼含水 25%，滤饼进入粗硫熔池上部的熔硫锥形槽中，硫精矿的水分在此蒸发，并借熔池中返回的熔硫进行熔化。然后再进入粗硫熔池中，粗硫熔池容量为 200t，用蒸汽蛇管加热。

熔硫用立式泵输送到热过滤机，过滤分批进行，每次过滤需 90min，清理滤饼 30min，经过滤后纯硫排入纯硫槽（蒸汽保温），用管道输送至厂外 150m 处装车运出。管道也用套管蒸汽保温。硫化物渣返回沸腾焙烧回收锌。过滤初期硫不合格，可返回熔硫池，检查合格后，方排到纯硫槽。

热过滤机网的材质为 316L 不锈钢，规格 24mm × 110mm 格状平织筛网，过滤网寿命为 4 ~ 6 月。热过滤后精硫含元素硫 99.41%，其他杂质成分见表 5-33。

表 5-33　热过滤后精硫成分

元　素	Zn	Pb	Fe	As	Hg	Se	Te
元素的质量分数/g·t^{-1}	830	210	490	10	18	5	1

以上为一段过滤结果，二段过滤除 Se 的含量不变外，其他含量为微量。一般一段过滤就够了。表 5-34 列出了硫化物滤渣 5 个月的平均成分。SiO_2 和 Ag 不溶解，浸出后液含 Fe 约为 4g/L，Fe^{2+} 为 0.4 g/L。H_2SO_4 约为 25g/L。每吨精矿加压浸出工段消耗：蒸汽 90kg、电 50kW·h、氧气 214kg。

表 5-34 硫化物滤渣成分

元　素	Zn	Pb	Fe	S⁰	SiO₂
元素的质量分数/%	15.1	1.9	5.4	44.4	3.6

C 生产实践和改进

硫的回收，原来采用分离釜回收 90% 以上熔融态的硫，其余部分矿浆通过闪蒸槽排料系统进入调节槽。矿浆经调节槽后进行浮选回收其余部分硫。由于分离高压釜在操作上遇到麻烦（堵塞），分离效果不理想，因此现在不用分离釜，矿浆经闪蒸排料系统排入调节槽，再从调节槽泵入水力旋流器，旋流器溢流进焙砂浸出系统，底流进浮选。

矿浆原从调节槽底部排出到一中间槽，再泵入水力旋流器，由于造成泵和旋流器的黏结而改为从调整槽上部排出。旋流器的操作很重要，经过实践认为 10%~15% 的元素硫颗粒大于 100 目粒度范围操作较好。硫的粒度太细，溢流带走的 S⁰ 就不止 2%，粒度太粗不好浮选，需加筛子。硫的粒度可靠加入木素的量调节。

湿的硫精矿（含水 20%~25%）的熔化是不容易的，最初硫精矿直接加入熔硫池，由于水汽蒸发使表面起泡结壳，现在熔池上面加一锥形熔硫槽。熔化硫的循环量为硫精矿的 20 倍，约 2727.6L/min。在此硫精矿中水分进行蒸发并熔化。并且考虑用带式过滤机代替圆筒过滤机，硫精矿水分可降至 10%。

5.4.1.3 Trail 厂锌的生产特点

氧压浸出流程与主流程衔接合理：Trail 厂由于主流程的浸出只有中性及酸性浸出，浸出渣送铅系统回收铅银。因此，将氧压浸出液由酸浸工序进入主流程，在酸浸过程中恰当地解决了氧压酸浸液除铁问题。其过程为：酸性浸出在串联的 4 个 100m³ 的机械搅拌槽中进行，氧压浸出矿浆、电解废液、除镉后的氧化锌浸出液和部分焙砂一起由第一个槽加入，其各种料液成分可见表

5-35。混合料液含铁 1.5~2g/L。第一槽的 pH 值控制为 1.8，第二槽的 pH 值控制为 2.2，中性底流由第三个酸浸槽加入，控制该槽 pH 值为 3.8，由第一、二个槽过来的 Fe^{3+} 在这个槽中水解，由于这个槽保持了较低的 Fe^{3+} 含量，因此 Fe^{3+} 以 FeOOH 形态沉淀，然后排入浸出渣。由于氧压浸出的浮选尾矿一起排到酸浸系统，其中含有大量铅铁矾，给酸性浸出矿浆的沉淀造成一定困难，但酸浸上清液含固也仅只有 5g/L。第四槽的 pH 值控制为 3.2。

表 5-35　各种料液成分

项 目	Zn	Fe	H_2SO_4	含固量
氧压浸出液/g·L^{-1}		4	50	50
氧化锌浸出液/g·L^{-1}	140			
废电解液/g·L^{-1}	50		150	

　　净化：Trail 厂的净化流程特点是锌粉耗量少、净化深度高，同时还排除硫酸钙。中性浸出液经热交换器升温至 75℃ 进入第一段净化。一段净化为 5 个串联的机械搅拌槽，产出的置换物经旋流器分离后再返回第一个槽，锌粉在第二及第五个槽加入，同时第三槽加入废电解液调整 pH 值为 3.8，第二段净化后的过滤渣也加入第一段净化。第一段净化锌粉加入量为 1.5g/L，因置换渣返回，矿浆含固量保持在 10g/L 左右。

　　第二段净化锌粉用量为 0.5g/L。由于置换渣返回使用，整个净化过程只消耗 2g/L 锌粉，比以前减少锌粉用量 70%。一段、二段净化后液均用原子吸收光谱测定镉含量，如不合格需返回处理。

　　二段压滤后溶液送热交换器，温度由 75℃ 降至 55~60℃，再经空气冷却塔冷却到 20℃，使石膏在浓缩槽中析出，由槽底部排出石膏，除石膏后液送储槽备用。由于在净液时降温排出石膏，电解时的溶液均用管道输送。净化前后溶液成分见表 5-36。

表 5-36 净化前后溶液成分

项 目	Zn/g·L^{-1}	Cd/mg·L^{-1}	Cu/mg·L^{-1}
净化前	143	200	60
净化后	144	0.3	小于0.1

项 目	Co/mg·L^{-1}	Ge/mg·L^{-1}	Sb/mg·L^{-1}	Ni/mg·L^{-1}
净化前	1.5	0.1	0.8	0.5
净化后	0.3	0.02	0.02	小于0.1

Trail 厂焙砂浸出由机械混合槽代替了原来的帕丘克空气搅拌槽。电解厂房都是密闭式的,采用机械强制通风。Trail 厂的电解电流密度为 350~400A/ m^2,感觉不到酸雾刺激。铸型采用大型电炉,一般都把大型电炉作为熔化炉,在其周围配置锌合金炉,这对于炼锌厂生产多种型号的合金非常方便。大电炉也作为纯锌锭的熔化铸型炉,配置有带式铸型机,自动码锭。锌粉制造也安置在铸型厂房内。

5.4.1.4 Trail 厂锌精矿加压浸出的经验和发展

Trail 厂自 1981 年建成投产,经过不断改进,1984 年达到了设计规模。1988~1989 年,对设备进行了一系列重大改造,使加压浸出系统的生产能力逐步扩大。1997 年以来,又安装了新的高压釜,并对处理 Red Dog 矿进行了研究。以下是一些重大改进。

A 重磨系统

锌精矿自料仓送入一台 φ2.1m×3.1m Hardinge 型球磨机。球磨机排出料用来自精矿浓密机的循环水和补充水稀释后,通过 9 个 φ150mm 的 Krebs 水力旋流器。再磨系统本来是按向两台高压釜供料而设计的,综合精矿进料速度是 376t/d,95% 重磨后的精矿粒度小于 44μm。按单个高压釜的生产率,再磨系统是可以满足技术要求的。然而,如果通过高压釜系统来增加产量,磨制的产物就会变粗。由于减少了在高压釜中的停留时间,要在较高处理量的情况下获得高的锌提取率, 细磨就是必不可少的。

　　用一个 125mm Mozley 水力旋流器的试验, 结合整个研磨系统的计算机模拟表明, 让现有旋流器组的溢流通过几台水力旋流器可显著地改善产物粒度。为此安装一组 16 个 Mozley 水力旋流器。在精矿进料速度为 470t/d 时, 产物粒度小于 44μm 的占 96.5%。新旋流器组的底流将通过箱形泵, 返送回现有的 Krebs 旋流器组。新旋流器组于 1989 年 6 月完成调试。溢流产物在一台 φ12.7m 的浓密机内脱水。含固 75% 的浓密矿浆用真空式圆筒隔膜泵送到带搅拌器的 63m³ 矿浆计量槽。

　　B　浸出

　　工厂初建时, 安装了两台不同的泵, 以便把浓密后的矿浆泵入高压釜。其中一台为蛋形泵, 它依靠高压空气把泵室中的矿浆挤入高压釜。然而, 空气压缩机的可靠性不佳引起泵无法可靠工作。另一台 Zimpro 泵运转得非常好。但是, 由于工厂生产率已经提高, Zimpro 泵的流通能力已不能满足需要, 因此选择 Toyo 软管隔膜泵作为第三种高压釜进料泵。因其流量范围广 (0 ~ 380L/min), 这种泵获得令人满意的使用效果, 并且, 进入浸出高压釜的流量更稳定。

　　浸出高压釜本身是一个 φ3.7m × 15.2m 的 4 室容器。工作容积大约 100m³。容器有一个低碳钢壳, 首先衬铅, 然后衬耐酸布和砌两层砖。为了使气体扩散和固体悬浮, 每一个室都装有一个双叶轮搅拌器。头三个室各用一台 110kW 的电动机, 而第四个室用一台 73.5kW 的电动机。与湿料接触的搅拌器部件是钛合金、Incoloy825 和 316L 不锈钢制成的, 316L 仅用于最后的室内。其他与湿料接触的金属部件 (取样管、温度计套管、排料管) 由 Incoloy825、Inconel625、20 号合金和 Ferralium255 制成。

　　在生产的头几年, 将氧气喷入第四室混入蒸汽相, 而蒸汽从第一个室中清除。已经发现, 如果氧被 "喷射" 到浸出矿浆中, 反应速率将提高。最初通过试样汲取管来喷氧, 但不久在高压釜第一、第二个室的搅拌器的下面安装了喷嘴，换掉了吸氧管。最近在第三室的搅拌器下面也换上了一个喷嘴。高压空气和蒸汽也可以通过任何一个喷嘴喷入，防止停产时出现堵塞。

在每年的停产维修期间，都要把高压釜的氧化皮除去，并根据需要进行砖的修补。在1988年10月停产时，为检查铅衬，把预定部位的砖拆了下来。结果发现了铅衬受到某些轻微腐蚀，尤其是喷嘴周围，因为那里的铅易受硫蒸汽渗透，导致铅被硫化。这些点的腐蚀接近预计量。密封点没有腐蚀征兆。

高压釜最后一室排出的矿浆经由一根316L不锈钢管输送到降压排料阀。在运转大约三个月之后，一种硬石膏-铁矾管垢缓慢地沉积在该管道内，从而限制了流量。用一种热有机盐溶液反复通过管道的办法来清除这种管垢，这时工厂需要停产。1988年，为避免除垢作业时停产，安排了第二条排料管。

C 酸制备和热回收

来自高压釜的1.25MPa和150℃的矿浆，通过衬有陶瓷的排料阀，进入Zimpro型闪蒸罐，矿浆的压力和温度降到0.55MPa和117℃。矿浆从闪蒸罐溢流到闪蒸槽。闪蒸槽原来用316L不锈钢建造，但1985年改用Incoloy825中的一种。在较低的温度下操作时，由于矿浆中的硫发生凝结导致闪蒸槽被堵塞。但在较高温度下操作时，则导致闪蒸蒸汽带走过多的硫。通过一个立式套管式热交换器将容器中产生的闪蒸蒸汽用于预热高压釜料酸。多年来，对这台设备进行过很多改造。

原来的热交换器由一个316L不锈钢壳和20号合金管组成，面积140m²。管子出现了反钝化腐蚀问题。后来发现这是由于料酸的高氧化电位引起的。通过向冷酸中加入硫酸亚铁，把酸在70℃时的氧化/还原电位（ORP）控制到约500mV，从而使问题得到了克服。

发生腐蚀问题多年以后，用材质为Incoloy825的管束代替了原来的管束。管束面向管子侧的腐蚀速率仍受到严密监视,因为,为提高高压釜料酸浓度,加入的浓硫酸中存在残余二氧化硫,它也会起腐蚀作用。

第二种腐蚀问题发生在管束面向套管的那一侧,在紧挨管子板座处的管子上,出现了金属溶蚀。这可认为是由于硫从闪蒸蒸汽中冷凝在管子上,而后又在未拆出管束的情况下熔化硫所导致的。通过废弃这个步骤和往闪蒸蒸汽中喷射少量空气消除还原条件后,这类腐蚀不再发生。但这并未排除管束受硫污染的问题。因此,每三周停产 6h 来更换管束。为缓和这个问题,于 1988 年底在热交换器周围安装了管子,以分离液酸。同时,安装了一套设备,把全部闪蒸蒸汽排到大气中去。但另一方面,为了控制温度而将新鲜蒸汽直接加入高压釜。由于新鲜蒸汽带入了锌厂溶液所不希望的水,因此该设备只用作临时性措施。

热交换器的另一改造与通路数目有关。原来的管束是一个六通路束,而从需要一台自动定位装置。现在工厂使用一种四通路 U 型管束。这样该管束两端的压降较小。冷凝器和酸液管道上的垫圈总是损坏。四通路管束加上安装在进料泵上的伺服变速装置,最终能解决这个问题。

闪蒸槽中的矿浆经底部排入一调节槽。这个槽让硫有时间固化,由黏滞的无定形状态转变为单斜结晶体形态。这样使硫具有疏水性质,能在后面得到回收。调节槽原来由 316 L 不锈钢建造,后于 1986 年被一个更大的 Incoloy825 容器所代替。增加了水冷蛇形管,使矿浆温度能降低到大约 85℃,在 470t/d 精矿处理量时,矿浆在容器中的停留时间为 25min。

D 硫的分离

来自调节槽的溢流进入一个矿浆泵池后,由 Sala 立式悬臂泵打入两台 $\phi30cm$ 的水力旋流器。在正常操作条件下,水力旋流器的溢流含元素硫小于 0.5g/L,是该车间的主要产品,一种硫酸锌/铅铁矾矿浆溶液。原设计该矿浆直接泵到焙砂浸出系统。

而 1990 年初，矿浆将被泵入一个 $1000m^3$ 的缓冲槽。使用该槽后，除使进入焙砂浸出系统的矿浆流量得到控制外，还使系统不会因为硫化物浸出或锌压力浸出的停产而受到影响。这将改善对 pH 值的控制，并保证向硫化物浸出系统的铁净化提供更可靠地所需要的可溶铁。

　　来自水力旋流器的富硫底流在两段泡沫浮选，如图 5-21 所示后得到进一步富集。粗选槽的尾矿返回到水力旋流器的矿浆泵池，扫选槽的尾矿返回到粗选槽。所有槽均为 $2.8m^3$ Denver No. 30 两级减速浮选槽。浮选时不使用任何浮选药剂。最终的硫精矿含有元素硫、未反应的硫化物和一些铅铁矾。这种产品在一台 $5m^2$ 的 Eimco 脱水机上进行过滤和洗涤。为排除硫熔化中的主要障碍，1989 年初安装了 Eimco 带式过滤机。最终产物滤饼中水分的蒸发要耗去大部分为硫熔化而提供的热能。带式过滤机与一个蒸汽加热干燥罩的组合，使产出的最终滤饼的水分比以前使用的圆筒过滤机低得多。带式过滤机降低了水分，改善了洗涤效果，因此使酸的夹带减少到可忽略的程度，并使硫熔化时储锅中

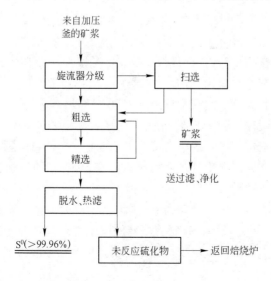

图 5-21　新的硫回收系统

的硫的泡沫减少了。

E　1988 年后的车间现状

生产能力：1988 年，工厂处理了 10.3 万 t 精矿，平均生产率为其设计能力的 193%。有效开工率约为 80%，但是有效开工率包括了为检查高压釜衬层而延长停产 7 天的损失。处理精矿量超过 450t/d 的最佳表现达 7 天之久，在 1988 年 8 月 25 日，日产量达到处理锌精矿 471t。

1989 年一季度工厂生产非常好，使工厂创下了一个 3 个月产量的新纪录，处理精矿总计 3.1 万 t，产出产品硫 7900t。在这一时期，工厂的有效利用率大约 87%。锌的提取率保持在 95% 左右，甚至在生产率接近设计能力的 250% 时也是如此。由于未反应的锌进入熔融硫，对工厂生产而言，锌的提取率严重受损。虽然这些锌会进入熔融过滤机的滤饼中，从而被回收，但滤饼量的增加会加重过滤机的负担。锌提取率损失 1%，必须加以清除和返回焙烧炉的滤饼质量就会增加 1 倍。

F　开工时间

设计的工厂开工率约为 96%。但是，生产经验表明：工厂有效利用率要低得多。在 1988 年，有效开工率平均为 79%，这包括为检查高压釜铅衬而延长的 7d 停产检修。从 1989 年一季度看，工厂有效时间为 87%。在这个时期，停工的两个重要原因是冷凝器和汲取管的堵塞，分别占 30% 和 25.7%。

主冷凝器密封的机械问题是其停工的重要原因。第二个问题，高压釜排料吸管的堵塞，原来已不是一个严重问题了。吸管过去常常在使用 3 个月之后堵塞，但在 1989 年的最初 3 个月不得不 4 次更换吸管，仅 3 月份就有两次。为更换吸管，高压釜必须完全降压，让矿浆冷却到 100℃ 以下。更换一根吸管总计停工约为 12h。可以推测，排料管堵塞的频率越高，对工厂生产率的影响越大，无论什么缘故，吸管的堵塞正迅速地成为工厂停工的主要原因。

G　操作参数

工厂操作的大多数参数非常接近原来用于设计的那些参数。由于使用氧和浓酸，浸出高压釜的操作条件是基本上相同的，不同的地方只有再磨系统。研磨钢消耗 0.45kg/t 精矿（设计 0.92kg/t）和产物粒度小于 $-44\mu m$ 占 90% ~ 95%（设计大于 98%）均不同于设计指标。由于产物粒度较粗的精矿投到高压釜内会导致很差的提取率，特别是生产率较高的情况下。将对系统进行的两项重要改造会产生细得多的物料。第一项是用 19mm 钢球代替目前使用的 37mm 钢球。第二项是安装第二级分级设备。这两项改造的结果会是在系统处理 500t/d 的精矿时，约 97% 的产物能通过 $44\mu m$ 筛。

H 产品硫

来源于冶金的硫难以满足加拿大的某些出口技术要求，见表5-37。1987 年用管式过滤器试验表明：硫的纯度能得到改善，但它仍然达不到加拿大的出口要求。

表 5-37 锌压力浸出的产品硫与加拿大出口技术要求的比较

元 素	S/%	C/%	灰分/%	As	Se	Te
加拿大出口标准	≥99.5	≤0.05	≤0.05	≤0.10×10⁻⁶	≤0.01×10⁻⁶	≤0.10×10⁻⁶
Cominco 技术要求	≥99.5	物技术要求	≤0.1	≤10×10⁻⁶	≤10×10⁻⁶	≤1×10⁻⁶
典型数据	99.7		0.03	10×10⁻⁶	5×10⁻⁶	1×10⁻⁶

I 精矿

在生产的前 9 年,来自不列颠哥伦比亚省金伯利的 Cominco 的 Sullivan 精矿已成为压力浸出厂的专用原料。随着 Cominco 在 Alaska 的新矿山 Red Dog 锌精矿产量的逐年提高,加压浸出工艺必须处理 Sullivan 和 Red Dog 的混合矿。Sullivan 和 Red Dog 的组成见表 5-38。Red Dog 的粒度小于 $44\mu m$ 的占 96%,不需进行再磨。

表 5-38 Red dog 和 Sullivan 精矿分析 （%）

元 素	Zn	Pb	Fe	总硫
Red dog	58.5	2	4	32.5
Sullivan	48.9	4.3	10.9	32.4

　　2000 年 1 ~ 2 月，进行了配入不同比例 Red dog 锌精矿的加压浸出工业性试验，试验为期 2 周，当全面处理 Red dog 锌精矿获得了成功，处理量达到 18t/h，锌提取率为 96%。并对加料量为 21t/h 的情况也进行了研究。结果优于预期的效果。浸出的工业试验表明：处理 Red dog 锌精矿时，喷吹的氧气量增加；保持釜中氧气的纯度高于 95%；木质磺酸钙的剂量是一般用量的 3 倍；浸出始酸浓度 165g/L 以上。

　　溶液中铁的浓度同常规操作条件下的典型浓度 8 ~ 10g/L 降低到 5g/L。浸出反应主要在前两个室中完成。由于 Red dog 锌精矿的精细矿物形态和较高的木质磺酸钙用量，元素硫的粒度显著降低，给浮选带来新的研究课题。

　　处理 Red dog 锌精矿时，为脱出锌厂溶液中的氯化物离子，最终将需要配置一套电渗析设备。除黄铁矿之外，红狗精矿预计还含有多达 0.015% 的在压力浸出时会溶解的氯化物，电渗析工艺可有效地脱除这些氯化物。沙利文精矿约含 0.004% 的氯化物。

　　1997 年，Trail 厂新建了一台 $\phi3.7m \times 19m$ 的 5 室高压釜，工业级的氧气喷入前 4 室，各室都添加废电解液，处理能力为 23t/h。年产锌超过 8 万 t，锌提取率大于 97%。

5.4.2　蒂明斯厂（Timmins）

5.4.2.1　Timmins 厂的锌生产

　　Timmins 厂位于加拿大安大略省的 Timmins 市，是加拿大 Falcombridge 有限公司 Kidd Greek 分公司的下属炼锌厂。1966 年建成的一座生产铜、铅、锌和银精矿的大型联合企业。该厂是 1972 年所建，1983 年采用氧压浸出扩大电锌生产能力。

　　Timmins 炼锌厂锌冶炼工艺流程如图 5-22 所示，炼锌金属量由沸腾焙烧炉焙砂及氧压浸出提供，其中氧压浸出提供的金属量为 2 万 t/a，焙烧部分提供的金属量为 10 万 t/a。

　　锌精矿焙烧是在两台 52m² 的鲁奇式焙烧炉中进行，产出的

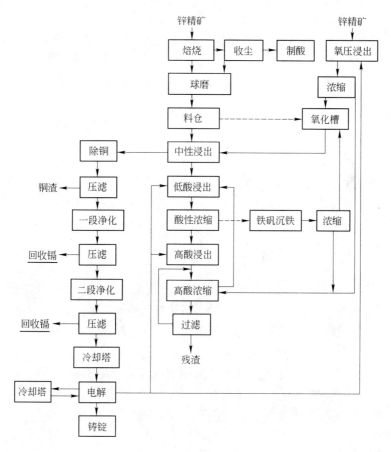

图 5-22 Timmins 电锌厂工艺流程

烟气经余热锅炉及电收尘后送制酸。焙烧经球磨后送焙砂料仓储存，供浸出用。

氧压浸出是在 $\phi3.2m \times 12.2m$ 的高压釜内进行。所用精矿粒度 95% 以上小于 $44\mu m$，所以不需磨矿。浸出后经闪蒸槽→调节槽→浓缩槽，底流泵至焙砂酸性浓缩槽，上清液经氧化槽氧化后送中性浸出。氧压浸出每天提供锌金属量 70t。

焙砂浸出为 3 段。即中浸-低酸浸-高酸浸，用黄钠铁矾沉铁。中性浸出液送净化, 底流送低酸浸出。低酸浸出液加苏打和焙砂沉淀铁后经氧化槽返回中性浸出。低酸浸出底流送高酸浸出。高酸浸出上清液送低酸浸出, 底流与铁矾渣一起经过滤洗涤后为最终的混合残渣。残渣含锌 6%、硫 20%、银 250g/t。

中性上清液的净化为除铜、第一段净化、第二段净化。除铜在一个除铜槽连续进行, 加入锌粉, 得到含铜 75% 的铜渣, 送铜冶炼厂回收。第一段净化是在 3 个机械搅拌槽中连续进行。由于溶液含钴量达 70mg/L, 净化深度较高, 温度为 95℃, 加锌粉前加废液调整 pH 值为 4~4.5, 同时加入砷酸钠。净化后钴含量可降到 0.1mg/L, 送室外储槽。第二段净化为间断作业, 加废液调整 pH 值后加锌粉除镉。镉含量由 500~600mg/L 降低到1mg/L。第一、第二段净化后压滤送镉车间回收镉、锌、铜、砷, 其砷的 75% 以砷酸钠返回第一段净化。每段净化加锌粉都有自动计量装置, 锌粉加入量由振动马达控制, 加入量可由指示盘直接读出。该厂的浸出、氧压浸出、净化、镉回收都设在一个大型厂房内, 显得非常紧凑。

锌电解厂房是密闭式的, 采用机械通风, 由于电流密度大, 厂房内仍感到酸雾。电解槽有 44 列, 每列 15 个槽, 每槽 40 片, 阴极面积 $1m^2$。电流密度 $D_A = 650A/m^2$, 电解液温度为 40~42℃, 电解周期为 24h。采用人工剥锌, 剥锌工人每人每天剥 30 槽。

铸型为 2 台大感应电炉, 炉子功率为 1700kW, 生产能力为 13.4 万 t/a。电炉熔化金属后可以直接铸锭, 每台炉都有带式铸锭机。也可以将锌液送旁边的小电炉配制合金, 车间生产不同规格的合金 30 多种。其中热镀合金大锭铸模用水冷, 冷却过程中, 锭的表面用气体燃烧保温, 大锭外形美观, 成分均匀。

5.4.2.2　Timmins 锌精矿加压浸出

Timmins 由于电解能力有富余, 1983 年建成了第二个锌精矿加压浸出车间与主流程相结合扩大电锌生产，生产能力为每年2万 t 电锌，使锌厂总生产能力达 12 万 t/a。选择加压浸出流程的考虑是：可以处理低品位锌矿；很容易与老流程配合；可以回收元素硫；基建投资省。加压浸出车间投产3个月后就很顺利，生产稳定，产量可达2.6万 t。

Timmins 加压浸出主体工艺流程与 Trail 厂的加压流程相似，只是精矿粒度 95% 小于 44μm 不需再磨，加压浸出液进氧化槽进行铁的氧化后并入中性浸出，废液不需预热，硫暂未回收。因此，Timmins 加压浸出流程更简单，占地面积更少。

加压浸出厂加入和产出的物料分析见表5-39。锌精矿直接加入衬胶矿浆槽，用衬胶离心泵送到矿浆供给槽，表面活性剂也加入到矿浆供给槽，然后矿浆用蛋泵泵入四室高压釜的第一隔室，给料量的大小用程序自动控制，泵的压力为 1.38MPa，有两台泵，一台备用。泵的汽缸中球阀和衬垫 2 个月换一次，主要是磨蚀。

表 5-39　物料分析

	物料名称	Zn	Fe	S	H_2SO_4
加　入	锌精矿	55	10	32	
	废电解液	50	<1		170~180
	锌焙砂	64	13	2	
	铁矾液	110	3		5
产　出	氧化槽矿浆固体	36	25		
	氧化槽矿浆溶液	160	<1		
	浓密机底流固体	2	13		
	浓密机底流溶液	145	3		

废电解液用离心泵（材料为 20 号合金）送入高压釜，废电解液泵压力为 1.24MPa，泵的进口 φ101.6mm，出口 φ76.2mm，叶轮254mm。由于釜内热反应好，废电解液不需预热。高压釜浸出矿浆浓密机溢流返回一部分到高压釜第二隔室（2~5 m^3/h）用来调节温度。也有一部分返回到闪蒸槽以保持闪蒸槽

壁不粘结。通过闪蒸槽中部装的 8 个喷嘴喷入。

氧气和蒸汽从釜的上部进入釜内，氧气管直插入釜的下部。高压釜内排气量视反应结果而定，排气管在第二室的上面，排出釜内 CO_2 和 N_2 气。釜内反应温度为 140～150℃，压力为 0.96MPa，氧气浓度为92%，蒸汽管用来调节温度。

高压釜 $\phi 3.2m \times 12.2m$，碳钢外壳，内铅衬和耐酸砖。高压釜安全阀的压力为 1.34MPa，高压釜第四室装有液位计。高压釜浸出后的矿浆排至闪蒸槽，压力降至大气压，温度约100℃，排料管和阀门材料为 20 号合金钢，闪蒸槽喷嘴材料由陶瓷改为 316L 不锈钢。喷嘴寿命为 2 个月，主要是磨蚀，换一次喷嘴降温后更换时间只需 3min。喷嘴尺寸与处理量（为设计能力）关系见表5-40。

表 5-40　喷嘴尺寸与处理量（为设计能力）关系

喷嘴尺寸/mm	19	22.2	25.4	28.6
处理精矿/%	90	100	130	150

矿浆经闪蒸槽后流入调节槽，使硫从熔融态转化为结晶态，铜熔炼的电收尘烟尘（含 Zn 约25%）加到调节槽进行浸出，并有利于 Fe^{2+} 氧化为 Fe^{3+}。然后由调节槽上部排出进入 $\phi 9m$ 的浓密机，在排入浓密机的管路上加入絮凝剂。浓密机为木制铅衬，耙臂为 20 号合金钢。浓密机底流（含固量约30%）泵送到黄钾铁矾渣洗涤系统。

浓密机溢流一部分返回到高压釜和闪蒸槽，大部分与黄钾铁矾沉淀后液一起进入两个串联的氧化槽的第一槽（容积每个 $40m^3$），在此充气氧化，并加入焙砂中和，控制 pH 值为 4.5。氧化槽矿浆泵入焙砂浸出流程的中性浸出系统。氧化槽的操作效果是很好的，用空气氧化就可以了。加压浸出（渣）率和浸出液成分见表5-41。加压浸出耗氧为 275kg/ t 锌精矿，该厂锌精矿加压浸出锌的成本比焙烧浸出流程约高6%。表5-42 列出了 1994 年 9 月和 1995 年 3 月的生产情况。

表 5-41 加压浸出(渣)率和浸出液成分

加压浸出率/%				浸出液成分/g·L^{-1}		
Zn	Cu	Cd	γ	H$_2$SO$_4$	Fe	Fe^{2+}
98	70	98	49	15	3	0.5

表 5-42 1994 年 9 月和 1995 年 3 月的生产情况

日期	锌精矿处理量/t	加料量/t·h^{-1}	作业率/%	锌提取率/%
1994 年 9 月	3937	6.1	96.8	96.9
1995 年 3 月	4069	5.9	81.8	97.1

5.4.2.3 Timmins 厂锌的生产特点

Timmins 厂的流程为高酸浸出,铁矾沉淀除铁,因而只增加了两个容积为 40m^3 的机械搅拌空气氧化槽,使氧压浸出液中的 Fe^{2+} 在此槽氧化并沉淀,这部分铁即使在以后的低酸浸出与高酸浸出时可溶出,最终也在低酸浸出液的铁矾过程中排出。

Timmins 厂的浸出净化槽采用 200m^3 的大型机械搅拌槽,厂房显得紧凑,占地面积小。电解厂房都是密闭式的,电流密度为 650A/m^2,可感觉到酸雾的刺激,但并不严重。

5.4.2.4 Timmins 厂生产实践经验

A 1984~1988 年的生产状况

a 工厂操作

1983 年 11 月,由于经验不足,因排料阀门泄漏及操作上的原因,使搅拌轴倾斜,与轴套摩擦,造成釜内钛材燃烧起火,因此造成停产,对高压釜进行了检修。高压釜于 1984 年 5 月 10 日再次投产。由于有些小的机械问题,如蒸汽管道密封垫漏气,加上闪蒸槽节流阀几次堵塞,不得已的停产清除使有效生产时间平均为 83%,在这第一个月内,精矿给料速率达到设计能力的 108%。

经短时间开车后又停了产,这是由于老浸出系统的铁矾浓缩槽损坏了。因此把最后一个压浸渣浓缩槽暂时改为铁矾浓缩槽。压力浸出渣转到其他浓缩槽，致使溢流过脏，含有未反应的硫化物，使浸出系统被亚铁严重污染。结果压力浸出被迫停产 3 周。由于在通往压浸车间的蒸汽管道中开动了水锤，损坏了两个膨胀结，因此又停产两周。

　　b　硫化物粘结

　　这 5 周过去后，决定在 8 月中旬投产。开工期间，发现第四室的搅拌器似乎被一层硫化物粘结住了，不能自由转动。因此把蒸汽喷到高压釜内，以提高温度使硫熔化。经短时间喷吹蒸汽后，硫熔化了，搅拌机才得以开动，恢复正常开工作业。但是第四室温度却不断升高，超过了 150℃ 的规定温度。因此把含锌溶液直接送入第三室，企图进行冷却。第四室温度升至 179℃ 时，才怀疑一个开路的热电偶有问题，仪表工用一个接触式高温计检测了探孔法兰盖，显示为 130℃ 。

　　由于加入冷却液，室内温度开始下降，但操作情况仍然不稳定。温度得到了控制，但由于控制是如此轻而易举，故又怀疑以前停产时的釜内残留有未反应的固体层。就在这时，有人说在车间的压力浸出区域有些二氧化硫气体的臭味。这说明第四室实际上是空的，而且气泡水平管的读数也不准确。调节槽的蒸汽不断翻腾，从而证实液位很低。因此关闭了排浆阀门，切断所有高压釜的供料，容器内的压力立即下降了。

　　高压釜冷却后打开，损坏很微小，但是很明显出现过高温，在最后一室的壁上发现一些黑色沉淀，实际在壁上并没有结垢，在这些室内有一些结成团的物质，在钛搅拌器轴的下部和工艺喷管上有一些含钛30%的白色沉淀物。

　　在再次开动压力浸出前，对容器进行了清理和检查，对气泡管也进行了校对，上叶片下面的排浆管缩短到 100mm，以保证第四室在任何时候液面都有 110cm 高。随后安装了连锁装置，以便当任何一个室出现高温时，能切断氧气和精矿给料。

从 8 月中旬开机到 12 月的计划停产检修，高压釜有效生产时间为 50%，投料速度达到设计能力的 120%。

c 生产能力和冶金学

1984 年开机到 1988 年 5 月停产大修这段期间，高压釜系统为焙砂浸出系统补充供料，最大限度地保证锌产量。总的结果是高压釜有效生产时间为 47.7%，投料速度是设计能力的 136%。年度的生产能力和有效生产时间可见表 5-43。

表 5-43 压力浸出产量(1984 年有效天数 235d、1988 年有效天数 145d)

年　　度	1984 年	1985 年	1986 年	1987 年	1988 年
有效生产时间/%	53.1	57.6	54.4	31.7	41.7
精矿/t	14936	28021	27309	16837	8039
生产能力/设计能力	120	134	138	146	133

有效生产时间相对较低，直接原因不是由于压力浸出系统本身的问题。事实上，仅 15% 的停产可归咎于压力浸出本身，其余的是因为工厂计划停产、常规浸出操作问题和焙砂满仓造成的。

压力浸出系统建成后，使锌厂每年增加 12000t 锌锭产量。电积能力增加，使电锌产量达到 12.72 万 t。

总的来说，当希望把焙砂仓填满的时候，可以让压浸车间的产量达到最大。而填满仓之后，焙砂过多会导致焙烧炉停炉，这样就要用燃油和天然气来生产锅炉蒸汽，这样做发生的潜在附加费用和填仓所需费用就是为什么要缩短压浸生产时间的正当理由。

从 1984 年到 1988 年典型的高压釜操作参数如下：

温度：133 ~ 145℃；总压力：1.1MPa；每吨精矿的氧气消耗：275 ~ 300 kg；最终溶液：15 ~ 18g/L H_2SO_4 和 3.0 ~ 3.5 g/LFe。

四年来的精矿和压力浸出渣化学分析和回收率可见表 5-44。

表 5-44　1984～1988 年化学分析和回收率

成　分	Zn	Cu	Cd	Fe
精矿/t	53.8	0.88	0.26	9.58
残渣/t	4.56	0.50	0.04	13.07
回收率/%	95.8	72.1	92.3	33.10

　　1987 年由于老浸出系统采用了低品位的精矿生产焙砂，而减少了压力浸出系统的作用。由于锌低铁高，产出的铁矾渣超过了工厂的渣处理能力。为了保证电解液质量，浸出能力被迫减少。这段时间锌焙烧炉的焙砂足够使用。因此，不需要压力浸出。在这一年由于铜冶炼厂制氧站修理换热器，停止了供氧，又减少一些锌产量。因此产生了在冶炼厂扩充一台日产 240t 氧气机的计划，用以增补现在的 190t/d 的设备。这套设备能力富余，能向锌压力浸出提供 50t/d 的氧气，1985 年 12 月，当新的冶炼厂制氧车间能供氧气时，散装氧气就不再需要了。氧气纯度从 99% 降到 95%，对回收率指标并无不利影响。

　　从新氧气车间来的氧气压力在开始几个月有问题。直到压缩机压力增加后，高压釜的生产才超过设计能力。自从内部提供氧气以来，绝大部分时候氧气的供应都是可靠的。

　　B　影响压力浸出开工时间的因素

　　a　高压釜结垢

　　高压釜的正常操作经常被第四室的高液面所破坏，这是由于容器中的结垢使装在闪蒸槽里面的让压力下降的节流器堵塞所造成的。在最初的操作中，碰到这种情况时，高压釜要中断生产，保持温度和压力，停止进精矿，关闭各排料阀。然后操作人员进入闪蒸槽，打开节流器手柄，清除堵塞节流喷嘴的结垢层。由于排料阀门泄漏，这种操作危及到操作人员的安全。为此，研制出一种铰链型节流机构，它可在外部打开节流器，用高压蒸汽喷射喷嘴除去结垢。但效果有限，因为很难绝对密封，排出的矿浆会侵蚀法兰引起设备磨损。用手工操作排浆管阀门控制高压釜液面很成功，但阀门磨损严重，需频繁更换。解决节流器堵塞的最后办法是：无论何时，只要节流器需要清理，就降低高压釜的压力，保证安全进入闪蒸槽。

由于要从节流器上除去结垢，以及由于其他维修或操作问题，减压频繁发生，引起了高压釜内部元件上出现层状结垢，而且不断生长。停工越频繁，结垢引起的停工越多。

从各个室结垢的 X 射线衍射分析表明，它主要是无水石膏结晶（等于1mm 长）的层状沉积物，同时带有少量不定形的红色氧化铁和赤铁矿，有时也有夹带小气泡的元素硫。这些石膏层被平面状"溶蚀"界面分开，在界面上通常有微量的赤铁矿或偶尔有钠铁矾。解决结垢问题是是否采用两套排料管和是否在闪蒸槽外装降压阀门。

b　砖的状况

高压釜内部的定期检查大约每6个月进行一次。为此，一般停产7~10d。趁此机会除去内部零件和墙上的结垢。

在第三室，在氧气的搅动下，一块砖脱落了。它显然是在停产前不久脱落的，因为它的棱边仍非常清楚，表明它未受到腐蚀。这块砖被更换了，并且对四个室的隔墙板通沟附加了偏转板，防止蒸汽和氧气直接冲击到底面的砖上。

在 1984~1988 年的停工期间，各个室隔墙的上半部都进行了更换，一些室的砖缝都重新抹过。1986 年，釜内蒸汽区砖的小块剥落现象日益严重，也注意到各个室的底面砖都被腐蚀，第一室特别严重。在修补了排料喷嘴钛衬后更换了第一室搅拌器下面的砖，发现这里砖的厚度由原来的114mm 变成90mm。蒸汽区的一些砖由于破裂，有时还不到90mm。

因此，制定了一个外部温度监测计划。1986 年 6 月和 1987 年 6 月之间，底部的平均温度维持在80~85℃。直到1987 年 12 月，蒸汽区外壳的接触式高温计的读数才逐渐升高到90℃。这时，Sherritt 和 Timmins 厂做了检查，然后提出建议，在 6 月之后的计划停产期间更换上半部分衬砖。到停产时，这个区域外壳的平均温度达到 97℃，这时大部分衬砖裂成 70～75mm 残块。在重新开机之后，这个区域的温度升到预计的 75～80℃。当时制定了在 1988 年更换底部衬砖的计划。计划表明，为了保证外壳温度不超过推荐的 82℃，砖厚不能小于 90mm。

C　压力容器外壳的腐蚀

a　外壳腐蚀前的事件

1988 年前 4 个月，加压浸出有效生产时间低于平均水平。这是由于焙砂料仓装满，并且需要修理氧化槽的聚丙烯内衬所造成的。因原先压力浸出渣调节槽就出现过类似内衬问题，所以就用几台 904L 的不锈钢槽取代了两台铁氧化槽。

1988 年 5 月 9 日，发现 1 号室搅拌器下面的 200mm 排浆喷嘴的装有盖板的法兰出现渗漏。在停产维修后的重新开工之前，将所有 4 个室的排浆喷嘴都用砂子塞满，并用厚达150mm 的耐酸胶泥盖住，但正像以前出现过的那样，由于某种理由，这些胶泥被磨损掉，钛衬和铅衬的碳钢喷嘴已被腐蚀，出现穿孔。

5 月 20 日，修理完毕，受到腐蚀的喷嘴周围的一部分底砖也被换掉，第三室喷射器下面的一些砖也进行了更换。

5 月 21 日，用溶液灌满高压釜，把温度升到操作温度，等待开工。但由于老系统的工艺问题，推迟了生产。因此，高压釜处于待命状态，让搅拌器运转，以备 3 天内紧急开工。

5 月 24 日，压力浸出操作人员注意到第四室下面有蒸汽冒出。经检查，外壳的一个孔有溶液泄漏，而这个孔看起来是用砖塞死的。

高压釜立即减压、冷却，做好进釜的准备。在四室发现两个孔，一个紧靠排料喷嘴，另一个在喷嘴与外壳的焊缝处。在一室和二室之间墙的下半部有许多砖剥落，所有的隔墙都严重损坏，中部朝上弯，在每个室都发现砖，但第四室有烧损现象。在第四室排浆喷嘴周围大约有 0.5m² 的砖已剥落，剩余的砖也明显被腐蚀。有 3 个地方的铅皮出现折叠、撕破和穿孔现象，这三处的中碳钢外壳都被蚀穿。

b 壳受腐蚀的原因

当用铁矾浓缩槽溢流来灌充高压釜时，由于溶液通过一堵塞了的锌液热交换器，所以，流速被限制在大约 $2m^3/h$。为了迅速地填充高压釜，操作人员使用了废电解液，结果高压釜装的是含 $160g/L\ H_2SO_4$ 的溶液，而不是 $12\sim15g/L\ H_2SO_4$ 的溶液。可能是为了开机，将温度升到 135℃ 时，热酸溶液使隔墙部位的胶泥受到破坏，而由于隔墙处的砖并未重砌，因此砖受到损坏而掉落，由二室到四室的砖大部分是超期使用，搅拌器以下的砖则被腐蚀，最后铅被暴露，进而穿孔，接着热酸溶液又腐蚀高压釜外壳，导致损坏。

c 初步维修

由于室的隔墙已损坏，决定全部更换三道隔墙和更换厚度小于 90mm 的底砖。紧靠隔墙两侧的底砖全部换掉，以便将来砖体容易更换。第四室外壳进行了厚度测定，大约更换了 $0.6m^2$。维修的部分都重新衬铅。这个室的排浆喷嘴决定不更换。同时还决定改变所有衬砖和胶泥类型。墙被损坏的部分原因怀疑是不可逆的膨胀所致，产生碎裂的部分原因怀疑是砖过高的吸收率所致。因此，新的砖具有较低的膨胀性和吸收率。新的胶接剂是 100% 的不含卤素的硅酸钾。对钢、铅、砖进行了维修之后，对高压釜进行了水压试验。

压力维持时间符合要求。但发现 6 个排水孔有泄漏现象。有 3 个孔在四室中进行过维修的地点附近，另外 3 个孔在二室和三室之间的隔墙处。高压釜排空后，利用氟氯烃来确定需补铅的部位。这种方法未能奏效，因为气体散布到整个高压釜，探测器在每个地方都会响。看来，气体已进入铅和砖层之间。例如，将氟氯烃从第四室铅板后面的一个排水孔喷入后，远在 10m 以外的第一室也能探测出该气体。决定除去有排水孔部位的砖，希望让铅皮上被损坏的部位暴露出来。经过几天的测试和补铅后，仍能探到氟利昂，这说明高压釜的内部铅衬是坏的。

通过与铅衬工和筑炉工讨论，发现先拆砖后补铅的做法仅维修了经氟利昂探测证明有泄漏的那些部位。其实在用小风镐拆砖的时候，在铅衬上留下了一些伤痕并未修复。另外，发现所用的氟氯烃测试的压力太高（25~30kPa），因此铅衬从壳上鼓起，在砌砖之前，是用胶锤将它敲打下去的。Sherritt 厂专家认为这种试验的压力仅需 7~10kPa，由于氟氯烃测试后，铅衬被敲打损坏。另外，未被修复的伤痕产生了一些应力集中区，因此在高压釜升压后，使铅衬被破坏。

小心地除去几处地方的砖后，从早先维修过的地方露出几个未修复的伤痕。由于 1987 年 5 月在蒸汽区也重新砌过砖，可能也会留下伤痕，再者我们无法找到新的漏缝，因此，决定拆除高压釜除椭圆头以外的所有衬砖，进行铅衬的修理。

d　铅的问题

在拆除砖衬以后，露出许多伤痕，对他们进行修补。维修工作进行得很顺利，但后来碰到一个问题，新铅很难与均质焊接部位（以下简称 HB）熔合到一起。铅会"爆裂"不能熔焊。另外，又发现顶部的铅板条结合处有裂缝。

对铅板和 HB 样品进行了分析。结果显示，铅板化学成分符合美国材料试验手册规定，但是 HB 的样品则含有很高的锡和锑。

从 HB 表面（1~2mm 深）取出的 50 个样平均含 520×10^{-6} 锡和 110×10^{-6} 锑，超过了建议的最高含量。

在取下一片铅的时候，HB 也被带下来一点，这种铅很硬，并且在弯折时出现裂缝，此裂缝几乎贯穿 10mm 后的样品。随后的金相研究发现，既有晶间分裂也有穿晶断裂，在晶界处，没有不同的相，锡含量也不高。结论是，化学侵蚀引起的晶间腐蚀不是断裂的唯一原因，由于热的循环变化引起的疲劳效应和焊合了的铅上的超限应力也是断裂的原因。

e　最终维修

就下列三种维修方法和 Sherritt 厂专家进行了共同探讨。

第一：在原有的铅衬上衬第二层铅；

第二：维修所有的已断裂的或含锡锑量超过最高限量的 HB 部位；

第三：拆掉高压釜壳内的原有铅衬，用适合的熔接工艺重衬。

未选用第一条的原因是：在有泄漏的情况下，不可能确定泄漏的部位。再者，在高压和高温条件下，可能出现过量的蠕变。铅衬不应有重叠搭接部位。

第二种方法不能保证完全除去所有的含锡和锑超过含量的铅。再说，断裂也发生在铅板上平行于焊缝的部位。在任何情况下，这种维修方法都很艰苦、耗时，因为要刮掉或需用机械办法除去可疑的铅衬。

决定采用从高压釜壳内除去所剩的铅衬，保留未损坏的头部的铅衬。最后决定拆除头部的砖衬，因为顶部、包括头部的砖在 1987 年 6 月停产时进行了更换，在此在头部的焊接均匀的铅衬可能有伤痕。

从每个头部各取一块 3mm 厚的铅样，并把它们向后弯曲，看看是否也有钢壳内衬均焊部位那样的裂缝。尽管一块样品根据分析，含锡和铅超过 900×10^{-6}，但铅仍处于良好状态，这就证明均匀焊接的铅的裂纹主要是由于疲劳和蠕变所致，而不是在铅内的晶粒中的杂质迁移到晶界处所引起的晶间腐蚀。

在头部裂痕较少，一种可能的解释是因为头部是凹的，并且铅的热膨胀率大约是钢的 3 倍，在头部的焊接均匀的铅始终处于挤压状态。

在高压釜头部的焊接均匀的铅衬尽管含锡和锑高，但除进行了少量的维修外，基本上没做什么修理，其理由如下：

（1）与在壳体内的铅衬焊缝相比，头部铅的状态较好；

（2）在高压釜操作期间，铅始终是受挤压的，在头部的铅与钢均匀地连在一起；

（3）头部的厚度测试表明，能满足要求的最小厚度为 6mm；

（4）不可能在现场把新铅均匀地衬到头部上。两个头部必须割下来，放在车间的平地上，衬好铅后再焊回去。

移开钛喷嘴的衬料后发现，在与所有喷嘴均匀焊接的部位都有一些不同程度的裂纹。因此，决定拆掉所有老喷嘴铅，焊上新铅。移开铅皮后发现所有的在蒸汽相的锻造钢喷嘴都有一些要进行修理的腐蚀区域。

大约分析了 300 个新安装的均质焊缝样，以保证安装工艺适当。所谓适当工艺就是把钢壳彻底清理干净，然后预涂或镀上含60% 铅、40% 锡的合金。用喷灯预涂锡或氯化锌溶剂，趁涂层还处在熔融状态时，将多余部分用干净布擦掉。等凝固后把化学纯铅熔化到预涂层上，并让杂质浮到顶部，然后刮去这些杂质的表面。这个过程反复进行，直到达到所要求的 6mm 厚为止。不适当的操作将引起含锡、锑高。新焊接点几乎没有超过300 × 10^{-6}。

铅衬维修后，接着进行了检测泄漏点的水压试验，结果又发现有几处泄漏，但氟利昂却未定出位置。因此从排水孔喷入荧光染料，成功地探测到了有问题的区域。

f　再衬砖

按照 Sherritt 厂专家的建议，在高压釜内增加了一层 50mm厚的书形砖。这将为铅衬提供热保护，也使将来砖层的修理更容易。这层砖位于受热的工作面砖和铅衬之间。

充填钛喷嘴和铅衬之间的空隙不再使用胶泥，而改用在硅酸钾溶液中浸泡过的陶土绳。这样塞得更紧，对铅的保护更好。

砖砌好后，胶结处在 30℃ 保持 3 天，然后用下述溶液在室温下洗两次，让胶泥进行酸熟化处理。饮用水 20%；93% 的硫酸20%；异丙醇60%（体积比）。

擦净高压釜附近的氧气阀门和管道上的油污。由于新砌砖层的影响，重新调整叶轮高度。高压釜在 1988 年 12 月 22 日恢复运转。

新砌的书形砖层使高压釜外壳的温度降到预期的 60 ~ 65℃。

为了防止引起铅和衬砖疲劳效应的热循环变化，最重要的是增加高压釜的有效生产时间。因此，应努力消除会引起停产的机械问题。

5.4.3 鲁尔（Ruhr）锌厂

1991 年 3 月，第三个锌加压浸出工厂在德国 Ruhr 锌精炼厂投产，锌精矿加压浸出锌的方法被 Ruhr 锌厂选来作为工厂扩产的方案是由于该法锌回收率高，应用原料的范围宽以及政府对环保要求严等原因。1988 年该项目开始试验及工程研究，1989 年第一季度完成详细设计并开始施工。Ruhr 锌厂的原工艺也是焙烧—浸出—电积工艺，扩产后，这两种工艺结合在一起，锌的总生产能力达到 20 万 t。1991 年投产后的工艺流程如图 5-23 所示。

到 1993 年 3 月，Ruhr 锌厂的工艺发生了重大变化，从 1979 年以来一直采用的赤铁矿工艺停产，原因是操作成本高，到

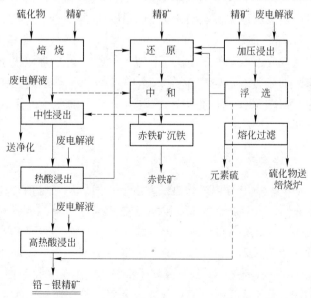

图 5-23 鲁尔锌厂加压浸出系统与原工艺结合流程

1993 年 6 月再开工时，流程简化为如图 5-24 所示。

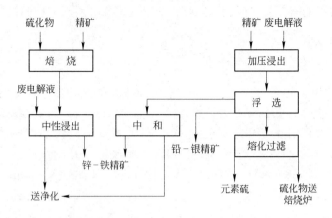

图 5-24   鲁尔锌厂简化流程（1993 年 6 月之后）

在以往的一些文献中曾有人推崇 Ruhr 锌厂生产赤铁矿的方法，认为很好的利用了流程中的铁，经济效益好。但近年来的生产实践证明该法成本高，流程复杂，不一定是好方法。

Ruhr 锌厂加压釜为一台 φ3.9m × 22.7m 卧式 5 室压力釜，设计年产锌 5 万 t，锌浸出率高于 97%。Ruhr 锌厂加压浸出的指标不错，加压釜的运转率也高。在 1993 ~ 1994 年期间，锌精矿品位为 45% ~ 50%，锌提取率平均达 98%，加压釜的运转率为 95%，环境污染小。

5.4.4   哈德逊湾矿冶公司（HBMS）

HBMS 从 1930 年以来一直经营着一个冶炼厂，包括锌和铜精炼的冶炼厂，位于加拿大 Manitoba 省的弗林·弗隆（Flin Flon）。原来的锌厂是焙烧—浸出—电解沉积工艺，一直生产到 1993 年 7 月。1993 年 7 月 2 日，在这里诞生了世界上第一个二段加压浸出锌冶炼厂，而在此之前，锌加压浸出都是与焙烧工艺并存。

HBMS 为了达到政府的环保要求采用了锌加压浸出工艺，从投产以来，操作运行良好，工厂很快超过了设计能力，至今工艺流程没有大的变化，图 5-25 所示为其原则流程。

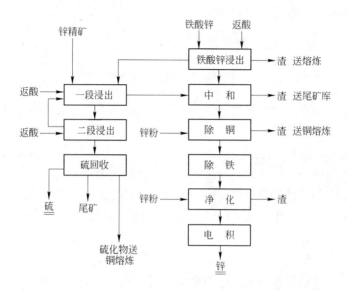

图 5-25 哈得逊湾矿冶公司锌厂工艺流程

精矿、返回电解液及现存的铁酸锌经浸出后产生的溶液一起加入第一段浸出加压釜进行低酸浸出，在这里约 75% 的锌被浸出。然后进入第二段压力釜高酸浸出剩余的锌。出压力釜的矿浆经浓密后，底流送去浮选硫、金和未反应的硫化物，浮选精矿经洗涤、过滤送去热滤以分离元素硫、金和未反应的硫化物。后者送去铜熔炼厂处理。

低酸浸出矿浆经浓密处理，溢流部分用来自水处理产生的氢氧化锌中和，然后进行除铜、除铁、净化及电解沉积产出锌。

工厂的三台（一台备用）高压釜都是 φ3.9m×21.5m，分为 5 个室，搅拌电机功率 110kW，设计年产锌 9.5 万 t，2001 年实际产锌 11.5 万 t。加压浸出厂的处理能力 1993 年 3 季度为 14.9 t/h，经过一年时间就达到了设计能力（设计能力为 21.6t/h）。到 1995 年 4 月，达到 22.2t/h，二段加压锌的浸出率超过了 99%。

到目前为止，二段锌加压浸出工艺证明是一个可靠的工艺，对处理的物料适应性好。

5.5　国内硫化锌精矿加压浸出工业实践

5.5.1　云南永昌铅锌股份有限公司锌冶炼厂

云南永昌铅锌股份有限公司是云南冶金集团总公司的控股公司。始建于 1958 年，1990～1996 年期间，建成规模为 400t/d 铅锌选矿厂，年产电锌 1.3 万 t 的锌冶炼厂，锌冶炼采用"硫化锌精矿焙烧—焙砂浸出—净化—电积"的湿法炼锌工艺。

云南永昌铅锌股份有限公司位于云南省保山市龙陵县，距保山市 150km，距昆明 650km，到广（通）—大（理）铁路大理站的公路运输距离为 320km。永昌公司是我国目前位于怒江以西的规模化锌冶炼厂，冶炼厂地处怒江峡谷，山高谷深，矿产资源直接向外运输的成本高，冶炼成金属后将减少运输费用。另外，该地区电力供应充足，为开发利用怒江以西的国内资源和缅甸地区资源具有得天独厚的区位优势。为此，决定将现有锌冶炼厂进行改造扩建，充分利用国内外锌资源和丰富的水电资源，将资源优势转化为经济优势。

现有焙烧—浸出工艺中产生烟气需要制硫酸，由于运输距离长，当地耗酸工业不足，时常发生硫酸滞销而影响锌冶炼的正常生产，决定采用云南冶金集团总公司自主开发的硫化锌精矿加压浸出工艺进行扩建改造，建设年产 1 万 t 锌的工业示范厂。

云南冶金集团总公司 2002 年完成了硫化锌精矿的加压浸出小型试验和扩大试验，2003 年 1 月完成了硫化锌精矿加压浸出的半工业连续试验，分别完成了普通低铁硫化锌精矿和传统湿法炼锌工艺难以经济处理以铁闪锌矿为主要成分的高铁硫化锌精矿的试验研究，取得了一系列的研究成果。以此为设计依据，2003 年 11 月完成了项目的初步设计和施工设计，2003 年 12 月开工建设年产1万t的硫化锌精矿加压浸出工厂和设备的委托制作。2004年下半年，完成了设备调试和试生产，目前工厂投入正常运行，主体工艺运行稳定，锌浸出率大于97%，锌的总回收率高于90%。处理以铁闪锌矿为主的高铁锌精矿资源时，铁的浸出率低于30%，成功地实现了锌的选择性浸出，实现了锌、铁的有效分离。

图5-26所示是云南永昌铅锌股份有限公司的年产1万t电锌的加压浸出产业化工厂的原则流程图。硫化锌精矿经球磨机闭路磨细后用浓密机脱水，澄清水返回磨矿，底流送入30m³的浆化槽调浆，然后用加压计量泵输送通过换热器加热后，加入加压釜

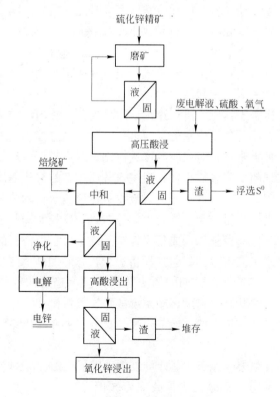

图5-26 加压浸出原则工艺流程

中进行加压浸出，深冷法制取的氧气经过缓冲储罐加入釜内，在加压釜内，控制温度 140～150℃，压力 0.8～1.2 MPa，浸出 90～120min。浸出矿浆经闪蒸回收矿浆潜热后，矿浆经固液分离，浸出液用焙砂中和，中和上清液经净化—电积工序处理，产出阴极锌，浸出渣浮选元素硫，铅银富集到浮选尾矿中，送铅冶炼系统处理。

加压浸出使用的压力釜经过生产实践检验，加压釜能适应加温、加压、耐稀硫酸、充氧、机械搅拌等苛刻工况条件要求，加压釜分为 4 个隔室，直径为 2.6m，长度为 10m，为卧式垂直搅拌轴压力釜，其两端为椭圆封头。釜体安装在两个鞍式支座上，其中一个为活动支座，以适应釜体温度升降的需要。隔室内安装有钛制的氧气管和蛇形盘管用来调节釜内温度。内衬复合耐酸、耐磨层。每个室的中央装有搅拌装置，由减速机、联轴节、轴承座、轴、集成密封和搅拌桨组成。釜体和搅拌轴之间的密封采用双端面机械密封。密封液为软化水，强制循环。

对加压釜工作压力进行连续地闭环控制，釜内液位采用实时监测，对高压釜各反应室的温度进行监测并通过控制进入换热管内介质的种类来达到对反应温度的控制；对供氧压力进行实时监测，并实现超低限事故报警；对进入各反应室的氧气的用量进行计量；对闪蒸槽的温度、压力、液位进行监测。自动控制系统采用具有强大模拟量控制运算能力的分布式 I/O 控制器与上位工控计算机及上位监控软件构成集中控制系统。可在上位机的显示器上动态显示工艺流程图，包括设备运行状态的动画，测量参数的动态指示；记录储存长期的历史数据，显示趋势曲线和历史曲线。显示报警状态；自动诊断系统故障，提供操作指导。控制系统安全可靠、维护方便、响应迅速。提升了加压浸出系统的自动化水平。

加压计量泵选用 J70 型计量泵，采用了准确性高的 N 形轴调节机构，利用 N 形轴，直接改变旋转偏心来达到改变行程的目的，本结构与其他形式的调节机构相比较有体积小，结构紧凑之特点。泵的总体结构主要由传动箱和泵缸头两大部分组成。电机经联轴器与蜗杆直接，并带动蜗轮、蜗轮套、N 轴做旋转运动。N 轴装在偏心块内，与衬套、连杆和十字头相连接，组成曲柄连杆机构，使十字头在机座滑道孔内作往复运动。因柱塞与十字头端直连，柱塞也作往复运动。当柱塞移向后死点时，泵容积腔形成一个行程容积真空，在大气压力的作用下，将吸入阀打开，液体被吸入。当柱塞向前死点移动时，此时吸入阀关闭，排出阀打开，使泵达到吸入和排出液体的目的。

隔膜计量泵也是借柱塞在隔膜缸体内作往复运动，使隔膜腔内的油液产生压力，推动隔膜在隔膜腔内前后鼓动，从而达到吸排液体的目的。由于有隔膜将柱塞与输送介质隔离，可防止工作介质的渗漏，并可配装隔膜破裂报警器，当隔膜破裂后能及时报警停车，可避免油料对管道的污染。

当处理以铁闪锌矿为主的高铁硫化锌精矿时，与传统工艺相比较，较好地实现了锌的选择性浸出，克服了传统工艺的控制铁的浸出时，锌的浸出率不超过 80%，当锌浸出率达到 90% 以上时，铁也大量浸出的不利状况，很好地实现了锌铁分离，提高了铁闪锌矿的冶炼技术经济指标。

对处理常规低铁锌精矿时，硫以元素硫形态产出，解决了制酸尾气的污染问题，同时元素硫便于运输和储存。另外，伴生的金、银、铟等将能得到有效的综合回收，提高资源的综合利用水平，实现可持续发展。

5.6 锌精矿加压浸出的工艺特点

从国内外锌精矿加压酸浸工艺的试验研究和产业化实践中可以认为，这种工艺具有以下特点：

（1）锌、硫回收率高，环境影响小。加压浸出工艺对一般锌精矿，即使是品位较低的锌精矿，锌浸出率都可达 98% 以上。精矿中的硫视精矿的矿物组成不同可产出不同比例的元素硫和富硫的硫铁精矿，均为固体物，存放方便。元素硫品位在 99% 以上，可作为商品出售。硫铁精矿含硫 60% 左右，视各厂情况可作为商品出售，也可返回焙烧制酸。两者的硫总回收率在 92%以上。

加压浸出工艺主要过程都是在密闭容器中进行，现场环境条件好。整个过程中产出的废料只有回收硫的尾矿。Trail 厂将其配入铅熔炼，回收铅、银。而 Timmins 厂则不回收硫，将氧压浸出渣与铁矾渣、焙烧高酸浸出渣混在一起过滤后堆放，并未造成单独的环境问题。

（2）过程强化，设备容积小，生产能力有很大发展潜力。4 家工厂对工艺过程进行了大量改进，现在工艺畅通、设备运转正常，生产能力都超过了设计处理能力，以下几方面还有发展潜力。首先为了保证足够的锌浸出率，要求磨矿粒度更细，高效细磨设备开发；另外存在的问题是热平衡和与原流程的配合，由于处理量增大，反应热增加，需进行详细的热平衡计算及热平衡试验，采取相应的措施。处理能力增大后氧压浸出液与原流程生产能力的比例变化，使整个溶液含铁量增加，需经济合理地解决两部分的衔接。

（3）适宜于老厂的扩建改造。本工艺省去焙烧、收尘、制酸工序，所需设备少、占地面积小、投资省，可充分利用湿法流程中的原有设备，与原焙烧浸出生产流程搭配合理，两套系统衔接也很容易。3 个工厂是成功地用于老厂的改扩建实例。

（4）设备制作标准高，自动化程度高，管理严格。操作、维修、管理人员的素质和水平都较高。由于反应过程在高酸、高温、高压下连续进行，因此，对工艺设备制作标准要求非常高，技术必须准确、可靠。几个厂的氧压浸出工艺生产工程是自动控制，操作人员少。每班 2~3 人即可，但工人素质高，都是从初期试验、生产人员中筛选出来的，这是保证本工艺能正常生产的基本条件。因此在设备选材、制作与管理操作上都要充分考虑这个工艺过程的特殊条件。

（5）原料的适应性及工艺技术条件的选择。加压浸出工艺也和其他任何工艺一样对原料有特定的要求。氧压浸出过程中的反应非常复杂，一般方铅矿氧化后最终以铅铁矾 [$PbFe_6$ (SO_4)$_4$ · (OH)$_{12}$] 的形态入渣；磁黄铁矿及铁闪锌矿中铁的溶解对于锌的浸出过程是必要的，铁离子在 ZnS 的浸出时起催化作用，随酸度的降低将以赤铁矿或碱性硫酸盐络合物沉淀排入浸出渣，浸出液的含铁量主要取决于浸出液的含酸量；含铜硫化物在浸出时将被氧化为硫酸盐，从而增加了氧气消耗量，在处理高含铜物料时应考虑这个因素；黄铁矿的存在对浸出过程造成不利因素。这是因为：1) 黄铁矿的氧化困难，因此硫的转化率低，元素硫的回收率将减少，另一方面在硫的浮选时，它将与硫一起进入硫精矿，在熔硫过滤时它和其他未反应物的硫化物进入热过滤渣，根据生产经验，此渣机械夹带的元素硫含量约为 45%，渣越多夹带的元素硫也越多，若锌精矿中黄铁矿含量达 30% 时，则不可能用氧压酸浸—浮选—热过滤的方法回收元素硫。黄铁矿及其他难于氧化的硫化物的存在对硫精矿的熔融过程也造成困难。2) 黄铁矿在酸高时部分被氧化，氧化的结果不是生成元素硫而是生成硫酸，不但增加了耗氧量，而且使浸出液含酸升高，从而造成工艺上的很多问题。在使用含黄铁矿的原料进行生产时，最终将得到元素硫和含硫约 60% 的硫铁精矿，二者的比例取决于黄铁矿的含量，但最终以这两种产品产出的硫的总回收率可达 92%。

　　锌精矿中银的赋存状态将决定它在该工艺过程中的不同走向。一般来说与闪锌矿、铁闪锌矿共生的银在浸出过程中进入铁矾渣中，浮选硫时将残留在浮选尾矿中。以银黝铜形态存在的银在浮选硫时将进入硫精矿，最终进入熔硫过滤残渣。

　　根据上述情况和原料成分，可以选择不同的工艺条件达到不同的生产目的，或根据生产目的选择相应的原料和工艺条件。如要使硫以元素硫形态回收并具有较高回收率，则需采用不含黄铁矿或含黄铁矿低的原料。浸出液含铁主要取决于浸出液的终酸含量。为利于回收铅、银，可控制较高的终酸，使铅、银富集于浸出渣，并与大部分铁分离，便于铅、银渣的进一步处理、回收。如果控制浸出液终酸较低，则浸出液含铁低，使下一步溶液处理工序简化。

通过国内外锌精矿加压浸出工艺的工业化实践，我们认为，该工艺必不可少的装备是：（1）高压浸出设备，即高压釜，包括搅拌装置；（2）高压泵；（3）制氧装置；（4）闪蒸槽；（5）浸出渣处理装置。

由于该工艺技术条件较复杂，同时具有高温（150℃）、加压（0.8~1.2MPa）、稀硫酸腐蚀、纯氧和高速运动的矿浆磨损，对装备的材质、制造技术要求较高，对操作人员的素质也要求较高。

6　加压浸出设备及钛材料的应用

6.1　加压釜

6.1.1　加压釜的结构

加压浸出设备有多种类型，如加压的帕丘卡槽、压力塔、压力球罐、压力锅、立式压力釜、管式压力釜及卧式压力釜。在重有色金属的加压湿法冶金中用得最普遍的是卧式压力釜。从20世纪50年代第一个加压湿法冶金工厂投产以来，几乎所有的工业生产厂都采用了卧式压力釜。

在工业生产中，物料通过加压泵加入卧式压力釜的一端，矿浆通过V形堰板从一室溢流入下一室，矿浆从压力釜的另一端排出。氧气或空气由通入各室的专用管子供给，气体从排气阀不断排出以除去不凝性气体，从而保证所需的氧气分压。一般压力釜内都设有同时用于加热或冷却的盘管以保证釜内反应温度。卧式压力釜的隔室都有搅拌，轴上装有特别的密封。

在加压浸出或氧化时，压力釜内部所接触的矿浆不仅有固体物料，而且常常是腐蚀性很强的酸或碱溶液，因此应根据具体情况选择合适的内衬材料和接触矿浆的部件。对于介质为硫酸铵或氨的浸出系统，常采用不锈钢或内衬不锈钢的容器和不锈钢内部部件。在稀硫酸氧化浸出中，当溶液含有一定数量的铜离子时，也可以使用不锈钢。当用于处理高温的强酸溶液时，选择碳钢内衬铅和砖的压力釜比较好。为了降低铅衬表面温度，采用一层或两层耐酸砖。近年来有的压力釜用加强纤维乙烯基酯衬代替铅衬，也有的压力釜内衬钛。压力釜的其他内部部件和搅拌器可用不锈钢、钛或特种合金制造。

在设计压力釜时，要考虑矿石或精矿的处理量、给料速度、矿石品位、矿浆的停留时间、操作温度、操作压力及矿浆浓度等因素。用于处理难处理金矿的压力釜，其尺寸与矿石的含硫量直接有关，这是选择加压氧化压力釜时必须考虑的因素。

多数压力釜是用在酸性介质中，这一类压力釜用碳钢作外壳，衬以铅和耐酸砖，碳钢外壳的厚度与系统压力成正比。压力釜的成本往往与碳钢外壳质量成正比，因而与系统压力成正比。在温度约473K下操作的压力釜，其外壳碳钢的厚度约为60mm。

铅皮在压力釜碳钢外壳与多孔的耐酸砖之间，通常约6~7mm厚。铅在403K温度时开始发生蠕变，压力釜内耐酸砖起保护铅衬的作用。压力釜的耐酸砖一般为两层，总厚230mm。如果釜的温度高，则需额外加一层115mm的耐酸砖。

还有一些研究结果表明，压力釜的成本与釜的容量及釜壳厚度成正比，而外壳厚度则由釜的压力及釜的直径来决定。

硫化锌精矿的浸出压力釜需要同时满足加压、高温、高酸、高氧浓度、精矿机械磨损的需求。并要同时保证搅拌轴密封、液面控制、热平衡、酸平衡和运行安全。对压力釜的设计和制作水平要求很高，加拿大的 Trail 厂和 Timmins 厂使用的压力釜已经过工业实践的检验，在第5章中已作了详细介绍。虽然压力釜的容积和尺寸不同，但设备结构基本相同，压力釜的结构如图6-1所示，压力釜的截面图如图6-2所示。

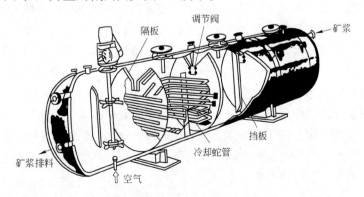

图 6-1　卧式压力釜的结构图

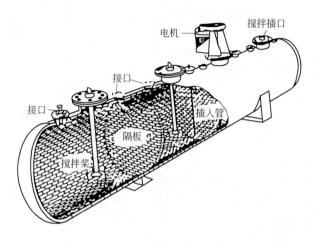

图 6-2　卧式压力釜截面图

在锌精矿的压力浸出过程中，采用许多材料来防止腐蚀，钛材的耐酸腐蚀性是很强的，因钛部件防腐性能好、使用寿命长、轻便、良好的性能价格比，所以钛是首选材料，但因为钛材容易燃烧，而在硫化锌精矿压力浸出时，必须使用纯氧，如果使用不当，压力釜中钛材燃烧的情况时有发生，如何防止钛材燃烧，是确保压力釜安全运行的一个重要问题。下面介绍氧化浸出时钛燃烧的实例及原因剖析。

6.1.1.1　压力釜中的进氧钛管燃烧

在维修完氧气管之后，向釜内注入清水，然后试压，应该先用压缩空气吹，但维修工直接打开进氧阀门，钛管在水中立即燃烧。及时关闭进氧阀门，釜体没有受损。主要原因是进氧钛管和钢管在连接法兰处，密封垫抹了铅油；新换送氧钢管内可能有焊渣；试压时没有用压缩空气而用纯氧；焊渣在氧气的吹动下和钛管急剧摩擦生热，并划破钛管表面，钛管在纯氧气氛中产生燃烧，另外钛管中铅油的存在和纯氧气氛条件也可能导致燃烧。

排料时，必须用压缩空气，但误用纯氧吹。当排料快结束时，进氧钛管燃烧全部烧完。及时停氧，釜体没有受损。这是因

为当时釜内温度过高，釜内氧浓度太高引起钛管自燃。管壁上的
Fe_2O_3垢可能是另一原因。

6.1.1.2　压力釜钛搅拌轴燃烧

正在运行的立式压力釜的传动钛轴在靠近机械密封的部位燃
烧，长度达200mm，由于停氧及时，釜体没有受损。后来检查
发现，机械密封冷却水罐中没有水，机械密封O型圈严重磨损。
由于机械密封无冷却水干磨过热，加之密封不严使釜内气体溢
出，钛轴遇氧燃烧。

以上事例充分说明，钛材的燃烧主要是操作不当。但钛材也
有其自身的特性，比如在干氯气中钛能燃烧，在使用纯氧时，对
釜内氧气浓度有严格的限制。异物摩擦也容易使钛材燃烧，用钛
条在生锈钢板上一划，钛条就能燃烧。

因此在使用压力釜中，不可避免要使用钛材部件，为确保安
全运行，制定切实可行的安全操作规程，及钛釜的检修规程，并
能严格按章作业。

加压釜材质选择目前主要集中于两种，一种为碳钢外壳内衬
铅板和耐酸砖，这种类型已在工业上使用几十年，其特点是：
（1）运行可靠，只需定期检查，定期维修；（2）保温性能好；
（3）升温和降温必须严格按一定要求，否则耐酸砖易损坏，故
不能随意开釜和停釜，启动时间较长。另一种是钢钛复合材料，
这是近年来新发展的釜体材料，云南冶金集团总公司在进行硫化
锌精矿的加压浸出半工业试验时，采用的钢钛复合材料制作的
$3.24m^3$压力釜经过半年的试验，运行状况良好，其主要特点是：
1）耐温耐腐蚀，耐磨性能好；2）开釜、停釜方便；3）釜的保
温状态不好，其存在的最大隐患是由于釜内钛使用量太多，如操
作不当，发生燃烧的几率和危害将增大。

6.1.2　加压釜的搅拌和密封

6.1.2.1　加压釜的搅拌

硫化锌精矿的加压浸出是在气、液、固三相之间发生反应，

使三相反应物质充分接触、保证固相物质的悬浮、气相物质最大限度地溶解和分散在液相中，都依靠压力釜的合理搅拌。

在连续浸出中，锌压浸的速度取决于：搅拌和喷气；铁的催化；锌精矿的比表面积。

第一步：氧在气液相间的传递

$$O_2(气) \longrightarrow O_2(溶解)$$

$$速度 = k_{g/L}([O_2] - [O_2])$$

第二步：亚铁离子的均相氧化

$$Fe^{2+} + \frac{1}{4}O_2 + H^+ \longrightarrow Fe^{3+} + \frac{1}{2}H_2O$$

$$速度 = k_2[O_2][Fe^{2+}]$$

第三步：硫化锌的高铁离子浸出

$$2Fe^{3+} + ZnS \longrightarrow Zn^{2+} + 2Fe^{2+} + S$$

$$速度 = k_Z[Fe^{3+}]A_{ZnS}$$

$k_{g/L}$、k_2 和 k_Z 都是反应的速度常数，[ ] 代表溶液浓度，A_{ZnS} 是未反应的硫化物的表面积。

A　氧在气液相间的传递

资料表明：用精选的特殊构造搅拌喷射器测定了氧在气液相间的传递速度。在通常情况下，Cominco 锌精矿的浸出压力釜的第一室能浸出 75% 以上的锌。以每天 200t 锌的供应量计，每分钟大约有 800mol 氧要在第一阶段中被吸收掉。这相当于氧的单位吸收速度为 27mol/(m³·min)。Cominco 厂高压釜的第二到第四室逐渐减少了氧吸收的需要量。

Cominco 厂高压釜用的是双搅拌器结构，在高压釜内装有喷射器，在每一室内都安装了高度足够的挡板。喷射器产生一级氧气泡，这些一级气泡一旦冲破矿浆表面，剩下的氧就进入矿浆上面的压力通风空间。为了将这些气体利用到浸出中，必须通过气体抽吸搅拌作用使它们返回浸出。图 6-3 所示为气泵搅拌器，说明了气体抽吸搅拌作用的机理。搅拌器的运动产生涡流。气泡从涡流中被拉到搅拌器区内，然后分散在矿浆中。

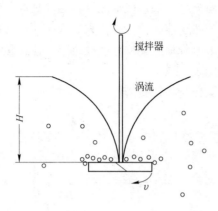

图 6-3　气泵搅拌器

气液相间传质的研究集中到二级气泡的产生上，DeGraaf 和 Swiniarski 的研究解释了下列问题：

（1）什么是控制气体抽吸搅拌的基本过程？（2）哪种搅拌器对气体抽吸的产生是最有效的？（3）怎样将气体抽吸和固体悬浮两过程的目的联合起来？（4）气体抽吸中挡板起什么作用？

B　气体抽吸的基本原理

不少人发现存在着一个临界搅拌速度 N_0。以这个速度搅拌时，由于搅拌器的表面夹带有气体，因此气泡开始在搅拌器处形成。低于这个搅拌速度，不发生气体抽吸；当高于这个速度时，即使增加气体量也能出现抽吸，直到发生搅拌器溢流现象时为止。用下面这个无因次方程来描述最小搅拌速度。

$$N_0 D^{\frac{1}{4}} = A + B\left(\frac{T}{D}\right)$$

式中　T——容器直径；

　　　D——搅拌器直径；

　A、B——根据搅拌器型号而定的常数。

这个关系式有明显的局限性，即它不能说明桨叶的浸渍深度。一台位于 1m 深处的搅拌器和一台位于 10m 深处的搅拌器不会有相同的临界搅拌速度。

临界搅拌速度的计算可以根据简单的能量平衡来进行。在流体中的浸没深度为 h 的搅拌器的桨叶尖上产生一个气泡所需要的动能与把一个气泡拉到液面下 h 深度时所具有的势能相等。因此可以写出下面的能量平衡式（m 代表产生气泡时挤走的那部分液体的质量）

$$mgh = \frac{1}{2}mv^2$$

这个式子也可以用一个临界顶点速度 v^* 来改写成

$$v^* = \frac{(2gh)^{\frac{1}{2}}}{\alpha}$$

α 代表搅拌器效率（即能量传递效率），α 值为 1 时表明搅拌器是理想的。表 6-1 列出了不同型号搅拌器的 α 值。

表 6-1　搅拌器的效率系数

搅拌器型号	理想的	6 翼径流式轮盘涡轮	4 翼垂直桨叶敞开式涡轮	4 翼 45°角桨叶涡轮
α	1.00	0.93	0.84	0.78

DeGraaf 厂总结出 6 翼径流式轮盘涡轮具有最高气体抽吸效率，而 45°角桨叶涡轮的效率最低。这是由于径流轮盘把大部分混合能转换到溶液的径向液流中，因此有效地使矿浆动能转化成气泡势能。45°角桨叶涡轮把大混合能转换到溶液的下行液流中，这在气体抽吸过程中没有多大作用。

C　气-液-固混合

锌精矿加压浸出是一个多相反应，包括精矿和固体副产品、含氧气体、浸出液和液态单质硫。因此混合必须达到两个目的：固体悬浮和气液相间的物质传递（气相抽吸和喷射气泡混合）。Zweiterung 厂对离开底层所要求的能量提出了下面的关系式

$$\frac{1.74g_cP_s}{gV_tU_s(\rho_s - \rho)}\left\{\frac{1 - e_t}{e_t}\right\}^{-\frac{1}{2}}\frac{D_a}{D_t} = 0.16\exp\left[5.3\left(\frac{B}{D_t}\right)\right] \quad (6\text{-}1)$$

式中　P_s——离开地面的能量，W；

e_t——整个容器中的液体分数；

V_t——高与直径相等处的容器体积，m^3；

ρ——液体密度，kg/m^3；

ρ_s——离子密度，kg/m^3；

$\dfrac{D_a}{D_t}$——搅拌器与容器的直径比，（范围：0.36~0.43）；

B——从容器底部到搅拌器的距离；

g——当地重力常数，m/s^2；

g_c——因次常数，$1.0 kg \cdot m/(N \cdot s^2)$；

这个等式中的 U_s 值不是 Stokes 法则中的沉降速度 $\left[\dfrac{(gd^2\Delta\rho)}{18\mu}\right]$，而是湍流条件值 $\left[1.74\left(\dfrac{gd\Delta\rho}{\rho}\right)^{\frac{1}{2}}\right]$，其中的 d 是粒子直径，$\Delta\rho$ 是固体和液体的密度差，而 g 是重力加速度常数。

例如：式(6-1)表明在一个一般结构 $\left(\dfrac{D_a}{D_t}=0.4; \dfrac{B}{D_t}=0.2\right)$ 的浸出槽中，如含有 10% 含固量的矿浆，其固体密度是溶液的 4 倍，那么每立方米的溶液需要大约 0.24kW 的搅拌能才可使 $50\mu m$ 的离子离开底部（这种状态近似于锌压浸工艺的第一步）。这样，在一个大约 $30 m^3$ 体积的室中，需要约 7.2kW 的混合能才能使所有固体都悬浮起来，实际上，Timmins 厂高压釜的搅拌电机功率是 73.5kW，是固体悬浮所需能量的 10 倍。因此，可以得到这样的结论，大功率的搅拌器对分散气体是必要的，但对悬浮固体来说是不必要的。

D 挡板的作用

在过去的混合试验中挡板用来在搅拌容器中提供除搅拌器剪切区以外的剪切区，以强化混合。在气体分散时，在气泡形成范围内要求有高剪应力，然而，挡板虽能产生高剪应力，但它也能在气泡不能形成的区域里产生高剪应力。Swiniarski 厂用一个 200L 圆底圆柱形容器研究了氧在空气中的传质过程。

图 6-4 所示为氧的传质速度是浸渍深度的函数，不管槽子安装挡板与否都成立。图 6-5 所示为氧的传质效率是浸渍深度的函数。

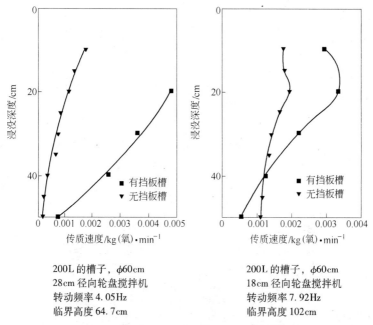

200L 的槽子，ϕ60cm
28cm 径向轮盘搅拌机
转动频率 4.05Hz
临界高度 64.7cm

200L 的槽子，ϕ60cm
18cm 径向轮盘搅拌机
转动频率 7.92Hz
临界高度 102cm

图 6-4　传质速度与浸没深度的关系

　　氧的传质速度随搅拌器浸渍深度的增大而减小，与安装挡板与否无关。这可从上面给出的能量平衡计算式中预计到。在图 6-4 中，挡板的存在使传质速度明显地超过了无挡板结构。然而，图 6-5 却表明无挡板结构的传质能量效率要高于有挡板结构。这些结构表明，在优先考虑氧的传质速度而不怎么考虑能量费用的情况下，加挡板的容器会有最大效用。如果当能量费用比氧的传质速度重要得多时，就要考虑采用无挡板容器。为了充分利用高造价的反应器有限容积，对锌精矿加压浸出的传质速度要求高，因此加挡板容是合理的。这就是 Cominco 厂在锌压浸中实际采用的结构。

　　E　氧传递过程概要

　　在锌精矿加压浸出的第一阶段，氧传递速度必须要高。用喷射—气体抽吸系统可达到要求的速度。DeGraaf 厂认为，搅拌器的临界顶点速度可以根据一个能量平衡式估计出来。DeGraaf 厂

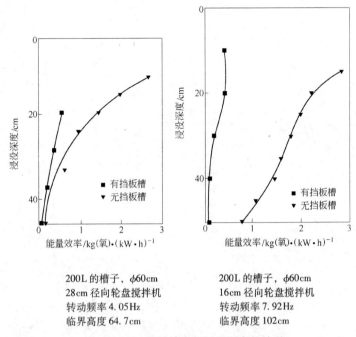

200L 的槽子，ϕ60cm　　　　　　200L 的槽子，ϕ60cm
28cm 径向轮盘搅拌机　　　　　16cm 径向轮盘搅拌机
转动频率 4.05Hz　　　　　　　转动频率 7.92Hz
临界高度 64.7cm　　　　　　　临界高度 102cm

图 6-5　能量效率与浸没深度的关系

发现 6 翼径流式轮盘涡轮搅拌器最接近理想性质（$\alpha = 0.93$），计算（利用 Zweiterung 等式）表明，高压釜第一阶段绝大部分的混合能都要被用到气-液相间的传质过程中去。Swiniarski 厂的结果说明，和无挡板构造相比，挡板的存在可提高气体被吸收的速度；和有挡板构造相比，无挡板构造的能量效率大一些。

　　F　分子氧对亚铁离子的均相氧化

　　用各种溶液在各种温度条件下对亚铁氧化作了大量的研究。在硫酸盐溶液中，常常发现反应速度规律是三分子级的（与氧分压有关的一级反应，与亚铁离子有关的二级反应），并且氧化速度随着硫酸盐浓度的增大而提高。在许多亚铁氧化的研究中都注意到了铜的催化作用，可能是由于二价铜／一价铜的反应机理，还发现氧化速度随酸度增加而降低。

模拟锌压浸条件，对在分子氧作用下的亚铁氧化动力学进行了测定。按三分子反应速度表达式来分析试验结果

$$\frac{-\mathrm{d}[\mathrm{Fe}(\mathrm{II})]}{\mathrm{d}t} = k_t [\mathrm{Fe}(\mathrm{II})]^2 p_{\mathrm{O}_2}$$

积分后，式子变为：$\dfrac{1}{[\mathrm{Fe}(\mathrm{II})]} = k_t p_{\mathrm{O}_2} t$

$\dfrac{1}{[\mathrm{Fe}(\mathrm{II})]}$ 对时间的函数关系如图 6-6 所示。根据图中线性部分（亚铁浓度较高）的斜率，可以求出三分子反应的速度常数。图 6-7～6-11 说明了研究结果。

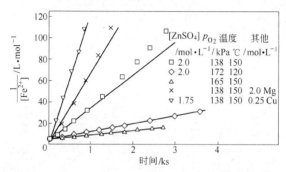

所有试验从 $[\mathrm{FeSO_4}] = 0.2\mathrm{mol/L}$，$[\mathrm{H_2SO_4}] = 0.5\mathrm{mol/L}$ 开始

图 6-6 亚铁氧化试验的二级动力学曲线

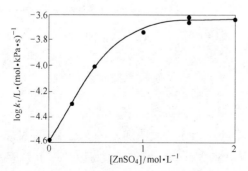

温度 = 150℃，$[\mathrm{H_2SO_4}] = 0.5\mathrm{mol/L}$，$[\mathrm{FeSO_4}] = 0.2\mathrm{mol/L}$

图 6-7 $\log k_t$ 与 $\mathrm{ZnSO_4}$ 浓度的关系

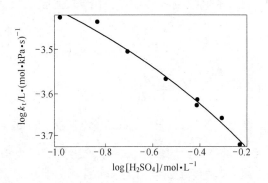

温度 = 150℃, [ZnSO$_4$] = 2.0mol/L, [FeSO$_4$] = 0.2mol/L

图 6-8 $\log k_t$ 与 H$_2$SO$_4$ 浓度的关系

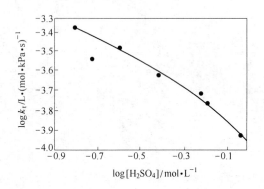

温度 = 150℃, [FeSO$_4$] = 0.2mol/L, [ZnSO$_4$] + [FeSO$_4$] + [H$_2$SO$_4$] = 2.7mol/L（试验开始时）

图 6-9 $\log k_t$ 与 H$_2$SO$_4$ 浓度的关系

通过这些图，可以观察到下列情况：

（1）如图 6-7 所示，表明加入 ZnSO$_4$ 可大幅度增大 k_t 值。把 ZnSO$_4$ 浓度从 0 增大到 2mol/L，k_t 值将改变一个数量级。

（2）H$_2$SO$_4$ 对 k_t 有强烈的反作用，ZnSO$_4$ 浓度变化（如图 6-9 所示）时的反作用比 ZnSO$_4$ 浓度固定时的作用要大。

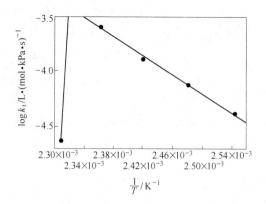

$[ZnSO_4] = 2.0 mol/L，[H_2SO_4] = 0.5 mol/L，$

$[FeSO_4] = 0.2 mol/L$

图 6-10 亚铁氧化的阿列纽斯（Arrhenius）曲线

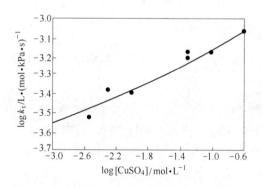

温度 $= 150℃，[H_2SO_4] = 0.5 mol/L，[FeSO_4] = 0.2 mol/L +$

$[ZnSO_4] + [CuSO_4] = 2.0 mol/L（试验开始时）$

图 6-11 $logk_t$ 与 $CuSO_4$ 浓度的关系

（3）k_t 的 Arrhenius 曲线说明：在 $120 \sim 155℃$ 温度范围，斜率不变；而在 $160℃$ 时斜率突然下降。

（4）硫酸铜存在时，亚铁氧化速度快。$CuSO_4$ 浓度在 $0.001 \sim 0.025 mol/L$ 范围内时，k_t 增大将近 0.5 个数量级。

哈弗曼和达里德逊假定：分子氧易氧化硫酸亚铁离子对，而不易氧化没有结合的亚铁离子，（即：把两个中性的硫酸亚铁离子对移到一起与溶氧反应比将两个带电的亚铁离子移到一起容易）。从定性角度上看，这个假定与这项研究是一致的。加入很多硫酸锌，会增加游离硫酸根的可获量，从而促进硫酸亚铁离子对的形成。估计加入硫酸会降低游离硫酸根的可获量，因为会生成硫酸氢根离子。硫酸亚铁离子对的生成因此也会减少，导致 k_t 值降低。

为说明硫酸亚铁离子对比游离亚铁离子的活性更大，可写出下列修改过的等式

$$\frac{- \mathrm{d}[Fe(\,II\,)]}{\mathrm{d}t} = k_1[Fe^{2+}]^2 p_{O_2} + k_2[Fe^{2+}][FeSO_4] p_{O_2}$$

$$+ k_3[FeSO_4]^2 p_{O_2}$$

k_t 的新的表达式也可写成

$$k_t = \frac{k_1[Fe^{2+}]^2 + k_2[Fe^{2+}][FeSO_4] + k_3[FeSO_4]^2}{[Fe(\,II\,)]^2}$$

已做过 $Zn^{2+} - Fe^{2+} - H^+ - SO_4^{2-}$ 体系中的物质生成计算。用非线性最小平方法进行的参数测定给出常数值 $k_1 = 3.6 \times 10^{-5}$，$k_2 = 5.2 \times 10^{-4}$，$k_3 = 1.66 \times 10^{-2}$，

铜催化作用可以适合这个表达式

$$k_t(Cu) = k_t(无\,Cu)(1.0 + A[CuSO_4]^B)$$

根据铜实验中最接近表达式的结果得出：$A = 5.0$，$B = 0.5$。0.5 这个指数值与二价铜/一价铜催化机理是一致的。

从 Arrhenius 曲线的直线部分可以计算出活化能为 80.3 kJ/mol。温度高于 155℃时，k_t 值急剧下降。下降原因是由于在这个温度范围里，硫酸亚铁的溶解度降低。160℃时取出的试样含有一种白色粉末（可能是 $FeSO_4 \cdot H_2O$（固）或 $FeSO_4$（固）），

冷却时就会溶解。

亚铁氧化过程可以用一个描述亚铁氧化动力学的总式子来概括，这个式子能说明亚铁的生成，铜的催化作用以及活化作用。

$$\frac{-d[Fe(II)]}{dt} = 3.6 \times 10^{-5}[Fe^{2+}]p_{O_2} + 5.2 \times 10^{-4}[Fe^{2+}][FeSO_4]p_{O_2} + 1.66$$

$$\times 10^{-2}[FeSO_4]^2 p_{O_2}((1.0 + 5.0)[CuSO_4]^{0.5}\{\exp[-9660(\frac{1}{T} - \frac{1}{423.15})]\})$$

溶液含 $0.5 mol/L$ H_2SO_4, 0.2 mol/L $FeSO_4 + Fe(SO_4)_{1.5}$, $2mol/L$ $ZnSO_4 + CuSO_4$ 时，可以不考虑生成计算而将式子简化成

$$\frac{-d[Fe(II)]}{dt} = 2.4 \times 10^{-4}[Fe(II)]^3 p_{O_2}((1.0 + 5.0)$$

$$\times [CuSO_4]^{0.5}\{\exp[-9660(\frac{1}{T} - \frac{1}{423.15})]\})$$

G 亚铁氧化方程在压浸中的应用

假定氧的过剩压力为 0.76MPa，溶液中含 Fe(II)0.1 mol/L（典型的第一阶段浓度），在 130~155℃ 时的亚铁氧化的最大耗氧速度的计算值见表 6-2。可能的氧吸收速度（Cominco 厂高压釜是设计的200%）据计算约为 $5 \times 10^{-4} mol/L \cdot s$

表 6-2 根据亚铁氧化数据计算的不同温度下的可能的最大耗氧速度

温度/℃	k_t /L · (mol · kPa · s)$^{-1}$	$[Fe(II)]_T$ /mol · L^{-1}	p_{O_2} /kPa	可能的最大耗氧速度 /mol · (L · s*)$^{-1}$
130	7.41×10^{-5}	0.1	760	5.63×10^{-4}
140	1.29×10^{-4}	0.1	760	9.80×10^{-4}
150	2.4×10^{-4}	0.1	760	1.82×10^{-3}
155	2.99×10^{-4}	0.1	760	2.27×10^{-3}

注：* 可能的最大耗氧速度就是假定气-液相间传质对速度不产生反作用时所观察到的值。

表 6-2 证明基于实验的亚铁氧化速度足够维持锌精矿加压浸出反应。在锌精矿加压浸出中，压力釜浸出矿浆中的氧要耗尽。

这种耗尽解释了为什么表中的最大速度总要比观察到的大。

H　锌精矿加压浸出条件下亚铁氧化研究概要

亚铁氧化速度与酸度和硫酸根浓度有关,可用溶液中亚铁的生成来解释。在溶液中硫酸亚铁离子显得比游离亚铁离子的反应活性大。加入铜和提高温度(155℃为限度)会提高氧化速度。由这项研究推断的亚铁氧化速度足够维持实际压浸反应,即使在浸出矿浆中氧耗尽的情形下也是如此。

I　用三价铁离子浸提硫化锌

白坚木素和木质磺酸之类的表面活性剂可防止元素硫把未反应的硫化锌包裹起来,这一发现才使锌压浸工艺成为可行方法。在液态硫温度时,若没有加这些表面活性剂,则最大的锌回收率一般在50%～75%。

对三价铁离子浸提硫化锌和锌精矿的动力学作了许多研究,然而在120～155℃范围内却没有进行任何深入的研究,但只有在这个范围内才能精确描述铁离子浸出速度和表面活性剂的作用。这大概是由于温度达到120℃以上时浸出速度很快的缘故。下面介绍两个独立的研究。

J　Cominco 厂的沙利文精矿的高铁离子浸出速度

在硫化锌的铁离子浸出中可能至少存在如下四个不同的速度控制过程。

a　Fe^{3+} 到硫化锌表面的传质过程

在低于硫熔点的温度浸出时,在硫化锌表面会积累一层元素硫,形成一个反应物和生成物必须通过的扩散障碍。温度高于硫熔点时,由于表面活性剂将液态硫从矿物表面移走,可认为只有一个流体扩散障碍。为了使锌浸出进行下去,铁离子必须从溶液中扩散到矿物表面上去。如果铁离子一到达界面就立刻被反应掉,就存在传质速度控制作用。

在自由沉降条件下的扩散型传质系数可以用 Harriott 式估计

$$k_z = \frac{D}{2r}(2 + 0.6Re^{0.5}Sc^{0.33})$$

对于一个 $60\mu m$ 的粒子（Cominco 厂物料中最粗的）来说，k_z 值从室温时的 0.0031m/min 提高到 150℃时的 0.017m/min。铁离子浓度为 0.1mol/L 时（Cominco 厂高压釜第一阶段浓度），这些传质系数值会给出线性浸出速度，从室温的 7.4μm/min 到 150℃时的 400μm/min。很清楚这些速度比实际浸出中观察到的要大得多（典型值是 0.4~0.5μm/min），因此可以得出结论：高铁离子的传质过程不是控速过程。高铁离子的界面浓度因此与溶液浓度近似相等。

b H_2S 作用机理

硫化锌的非氧化性浸出被视为一个附加的催化性的中间反应步骤：

第一步：$2H^+ + ZnS = H_2S + Zn^{2+}$

第二步：$2Fe^{3+} + H_2S = 2H^+ + 2Fe^{2+} + S^0$

总反应式：$2Fe^{3+} + ZnS = Zn^{2+} + 2Fe^{2+} + S^0$

一般说，非氧化浸出要比高铁离子浸出慢得多。采用已有的动能数据，可把 Crundwell 和 Verdaan 从 0.5mol/L H_2SO_4 溶液的研究中得到的非氧化浸出初始速度推广到锌精矿加压浸出温度。算出的浸出速度将近 0.06μm/min。要在 1h 里浸出 50μm 大的粒子，显然是太慢了。

c 电化学反应速度控制

硫化锌和锌精矿在其性质上属于半导体，因此可以用电化学机理来说明速度控制作用。一些研究的关键发现就是，闪锌矿中含铁越高，浸出速度越快。Crundwell 把这种速度提高的原因归结于在闪锌矿的禁带间隙中形成了狭小的杂质带（铁的双轨基点）。Crundwell 还报告了对氧化剂浓度的相关性为 0.5 级。

d 化学反应控制

Bobeck、Su、Jin、Dutrizac 和 Mac Donald 等人都用氯化物溶液研究了闪锌矿低于 100℃时的高铁离子浸出。Bobeck 和 Su 发现化学反应和扩散控制都存在。Jin 等报告说：就 Fe^{3+} 而言，反应级数在低浓度时是 0.5 级；在高浓度是 0 级。这可用低 Fe^{3+}

浓度时的电化学机理和较高 Fe^{3+} 浓度的吸收机理来解释。Dutrizac 和 Mac Donald 报告说：反应速度是受化学控制的。

K　实验

对 Cominco 厂的沙利文精矿在 120～150℃时的高铁离子浸出速度进行了测定，所用精矿是含锌 53.76%、11.77% 铁和 4.54% 铅的单一粒级精矿（-270～+325 目），用 Parr 钛制高压釜浸出 2h，浸出液被加热升温。然后在氮气过剩压下喷入干燥固体，通过一个压力泵（Mitton Roy）连续加入木质磺酸钙溶液。之所以要选择连续加入方式是因为在预备实验中，测到在压浸条件下表面活性剂会迅速降解。经适当的浸出时间后，停止实验，把高压釜从加热器上移开，浸到冰水里使锌浸出反应停止。然后过滤浸出矿浆，对浸出液分析锌、亚铁、总铁和酸度，对浸出渣分析锌。通过测定最后滤渣中未反应的锌量，计算锌的提取率。对于有着高本底锌浓度的溶液（2mol/L），这是唯一可行的测定锌提取率的方法。

进行了四组实验，选出了标准的实验条件。溶液含 2mol/L $ZnSO_4$、0.4 mol/L H_2SO_4、0.175 mol/L $FeSO_4$、0.175 mol/L $Fe(SO_4)_{1.5}$，标准温度是 140℃，标准表面活性剂溶液（连续加到高压釜中）的浓度为 5g/L。在第一组实验中，浸出温度在 125～150℃内变化，在第二组实验中观察到了木浆对浸出动力学的作用，第三组测定了酸浓度的影响，第四组测定了亚铁比的影响。

除了低温条件下的实验外，所有实验中的锌浸出速度都很快，所有数据点都集中到了图的顶部，从而无法作出锌提取对时间的函数曲线。这些数据按照表面反应控制模型绘制，这个模型的数学方程如下

$$1 - (1 - \alpha)^{\frac{1}{3}} = \frac{k_1 t}{r_0}$$

式中　α——浸出分数；

　　　　k_1——线性浸出速度常数；

r_0——初始粒子的半径。

浸出实验数据如图 6-12~6-15 所示,均为 $[1-(1-\alpha)^{\frac{1}{3}}]$ 对时间的函数曲线。

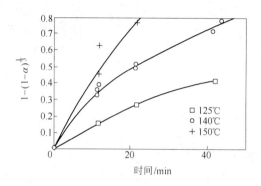

图 6-12 温度对高铁浸取 Cominco 锌精矿的影响

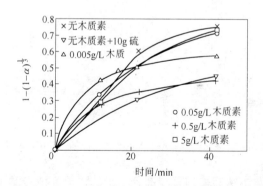

图 6-13 木质素对高铁浸取 Cominco 锌精矿的影响

根据这个数据,可以得到以下结论:

(1) 数据按照表面反应控制模型描绘。模型假定粒子是球形的,浸出条件不变。在实际状况下,粒子介于立方体和球体间,溶液条件随时间发生细微变化,因为高铁离子会被消耗掉,加入木浆会使溶液被稀释5%~10%。这些因素可说明曲线的非线性。

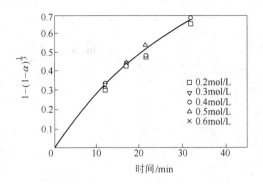

图 6-14 酸浓度对高铁浸取 Cominco 锌精矿的影响

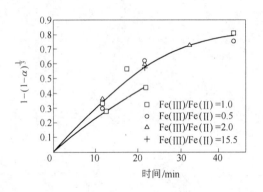

图 6-15 高铁/亚铁比对高铁浸取 Cominco 锌精矿的影响

（2）k_1 可从曲线的直线部分估出。对于各种温度而言，k_1 的平均值按 α 值为 0.65 计算，结果是 125℃ 时为 0.3μm/min，140℃ 时为 0.71μm/min，150℃ 时为 0.99μm/min。对于在大约 1h 反应时间里浸出 50μm 粒子而言，这些值处在正确范围里（锌浸出的实际做法）。因此这些结果使高铁离子浸出过程具有可靠性。

各种温度的 Arrhenius 曲线如图 6-16 所示。从适合得最好的直线部分的斜率算出活化能为 68.2kJ/mol，这个值的活化能的化学控制范围（42~84 kJ/mol）。活化能值支持高铁浸出过程没有什么值得注意的传质控制过程这一结论。

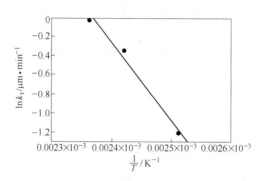

图 6-16　高铁浸取 Cominco 锌精矿的阿列纽斯曲线

（3）采用木浆的浓度改变实验很难解释，因为结果太分散。然而有一点是清楚的，缺乏木浆，反应会减速。实验时加入少量单质硫，而不加入木浆，似乎不会使速度更加降低。用 0.005 g/L 木浆溶液的实验显示了最快的浸出速度（达 10min），10min 后的速度比其他溶液中有木浆的实验慢些。木浆浓度为 0.05g/L、0.5g/L 和 5g/L 的曲线实际上是一样的。这个结果可能表明：0.05g/L 木浆是够从未反应硫化物上将硫分散。额外加入木浆看来不会产生有利（或不利）的影响。

（4）酸度变化结果非常有趣（见图 6-14）。溶液中的酸量对浸出速度没有多大影响。考虑到可能的锌浸出 H_2S 机理，这些结果非常重要。如果 H_2S 作为催化步骤的产物，溶液中的酸度肯定会影响反应速度。由于没有什么作用被注意到，所以 H_2S 机理不可能存在。

（5）改变高铁/亚铁比的结果如图 6-15 所示，这个比值在 0.5~15.5 间变化，比值为 1、2 和 15.5 时的结果实际上是一样的，高铁/亚铁 = 0.5 时的结果比其他结果要低。如果浸出反应是受电化学控制，则可以估计速度将作为高铁/亚铁比值的函数。但如果浸出反应受化学控制，则反应是高铁离子的函数。比值为1、2和15.5的实验开始时，溶液中都含0.175 mol/L Fe^{3+}，比值为0.5的实验开始时，溶液中含0.085 mol/L Fe^{3+}。因此这些结果说明，速度改变可以仅用高铁离子浓度的改变来解释，而不必考虑高铁/亚铁值的改变。这个结果也说明是化学反应控制速度。

高铁离子浸出研究表明，锌精矿的高铁离子浸出速度非常接近在 Cominco 厂压浸工艺中观察到的。从研究中还能得到这样一个结论，即这些结果与化学反应控速机理是一致的。高铁离子的传递，H_2S 的催化作用以及电化学浸出机理都不适于解释所获得的结果。

L　木浆对硫—溶液界面的作用

木质素的磺化作用使木质磺酸成为一种表面活性剂。木质磺酸的结构还不能完全表示出来，分子量在 200 ~ 100000 之间，而较普遍的酸的分子量大约为 4000。在锌精矿加压浸出反应中，缺乏木质磺酸时，液态硫会湿润并包裹未反应的硫化物。低浓度木质磺酸（小于 0.2g/L）能有效地使硫同未反应硫化物分离。可能有三种界面吸附木质磺酸：1）液硫—浸出液；2）液硫—未反应硫化物；3）浸出液—未反应硫化物。界面上的吸收降低了界面自由能，因此与其他界面相比，这个界面要稳定些。所以，为了使木质磺酸能把硫从未反应硫化物分离开，就必须让液硫—浸出液界面或浸出液—未反应硫化物界面优先吸附木质磺酸。如果吸附发生在硫—硫化物界面上，就会加剧硫的湿润作用。

考虑到这些因素，安装了一台高温高压仪器来测定液—液界面张力的大小（如图 6-17 所示）。这台仪器通过悬滴方法来测量液硫—硫酸锌溶液界面张力。通过安在仪器一侧的蓝宝石观察窗，可以观察到液—液接触情况，用一个 35mm 相机拍摄悬挂硫滴的情况。在悬滴实验中，把少量硫酸锌溶液放入槽子中，将仪器加热升温。达到热平衡后，通过一个配有毛细管顶点的注射器把一小滴液硫滴入硫酸锌溶液，把硫滴摄下。测量硫滴形状，用公布的公式计算界面张力。在各种木质素和硫酸锌浓度情况下的界面张力测定结果，如图6-18所示。

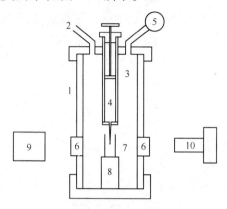

图6-17 测量硫—溶液—硫化物界面张力和
接触角的高温釜剖面图

1—釜体；2—氮气入口；3—硫灌注器；4—液态硫；
5—压力表；6—蓝宝石窗；7—溶液取样槽；
8—基座；9—光源；10—35mm照相机

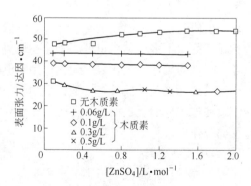

图6-18 硫—水溶液的表面张力测量值与木质素
添加量和硫酸锌浓度的关系

结果说明木质磺酸确实被吸附在液硫—硫酸锌溶液界面。加入0.3~0.5g/L木浆后，表面张力从将近（5.0~5.5）×10⁻⁴

N/cm 降到 (2.8~3.0) ×10^{-4}N/cm。从结果还可看出，表面张力在 0.3g/L 木浆时减到最小，再继续加入也不会进一步减小表面张力。从定性角度来看，这个结果同高铁离子浸出研究的结果是一致的，即最小的木浆加入速度是必要的，而较大的加入速度不会增大锌浸出速度。看来改变硫化锌浓度对表面张力不会产生重大作用。

这些结果表明，影响硫同未反应硫化物分离的许多因素之一是吸附了木质磺酸后，硫—浸出液界面变稳定了。为了测定木浆对硫—硫化物、浸出液—硫化物界面的作用，要就硫酸锌—硫—硫化锌体系来测定接触角。

从上面的一系列研究中说明：径流式轮盘搅拌机可从浸出矿浆上方将气体抽回矿浆，而且效果最好。和无挡板结构相比，挡板能提高气体传递的速度，而无挡板构造比有挡板构造的能量效率高。

氧化速度与溶液中亚铁的形态有非常密切的关系，硫酸亚铁离子对比游离亚铁离子的反应活性大。以实验数据推断：亚铁氧化速度足够维持实际的压浸反应，即使在浸出浆中氧耗尽的情况下也是如此。

高铁离子浸出研究说明浸出速度与 Cominco 锌精矿加压浸出中观察到的实际速度差不多。结果也证明了化学反应控速机理限制了浸出速度。高铁的传递、硫化氢的催化作用和电化学机理均不适于解释浸出结果。液硫—硫酸锌溶液体系的界面张力测定表明木质磺酸吸附在这个界面上，而且这种吸附作用对压浸中硫的分散至少起了部分作用。

6.1.2.2　加压釜的密封

加压反应釜可提供比正常大气压高的反应条件，在有色金属加压浸出中具有不可替代的作用。为了保持反应过程中液-固-气相充分混合，加快反应速度，必须对反应介质进行搅拌。为了保持釜内工作压力，搅拌系统的密封技术要求非常高，目前已被工业化应用的双端面密封技术经过不断完善，解决了加压浸出釜的搅拌密封技术问题。本节重点对机械密封技术进行介绍。

机械端面密封是一种应用广泛的旋转轴动密封。近几十年来，机械密封技术有了很大的发展，在石油、化工、轻工、冶金、机械、航空和原子能等工业中获得了广泛的应用。在工业发达国家里，在旋转机械的密封装置中，机械密封的用量占全部密封使用量的90%以上。特别是近年来机械密封发展很快，已成为流体密封技术中极其重要的动密封形式。机械密封的原理如下所述。

A　机械密封的基本结构、作用原理和特点

机械密封是由至少一对垂直于旋转轴线的端面在流体压力和补偿机构弹力（或磁力）的作用以及辅助密封的配合下保持贴合并相对滑动而构成的防止流体泄漏的装置。

机械密封一般主要由四大部分组成：（1）由静止环（静环）和旋转环（动环）组成的一对密封端面，该密封端面有时也称为摩擦副，是机械密封的核心；（2）以弹性元件（或磁性元件）为核心的补偿缓冲机构；（3）辅助密封机构；（4）使动环和轴一起旋转的传动机构。

机械密封的结构多种多样，最常用的结构如图6-19所示。机械密封安装在旋转轴上，密封腔内有紧固螺钉、弹簧座、弹簧、动环辅助密封圈、动环，它们随轴一起旋转。机械密封的其他零件，包括静环、静环辅助密封圈和防转销安装在端盖内，端盖与密封腔体用螺栓连接。轴通过紧固螺钉、弹簧座、弹簧带动动环旋转，而静环由于防转销的作用而静止于端盖内。动环在弹簧力和介质压力的作用下，与静环的端面紧密贴合，并发生相对滑动，阻止了介质沿端面间的径向泄漏（泄漏点1），构成了机械密封的主密封。摩擦副磨损后在弹簧和密封流体压力的推动下实现补偿，始终保持两密封端面的紧密接触。动、静环中具有轴向补偿能力的称为补偿环，不具有轴向补偿能力的称为非补偿环。图6-19中动环为补偿环，静环为非补偿环。动环辅助密封圈阻止了介质可能沿动环与轴之间间隙的泄漏（泄漏点2）；而静环辅助密封圈阻止了介质可能沿静环与端盖之间间隙的泄漏

（泄漏点 3）。工作时，辅助密封圈无明显相对运动，基本上属于静密封。端盖与密封腔体连接处的泄漏点 4 为静密封，常用 O 形圈或垫片来密封。

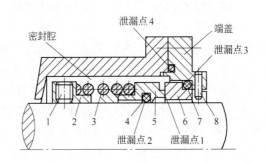

图 6-19　机械密封的基本结构
1—紧固螺钉；2—弹簧座；3—弹簧；4—动环辅助密封圈；
5—动环；6—静环；7—静环辅助密封圈；8—防转销

从结构上看，机械密封主要是将极易泄漏的轴向密封，改变为不易泄漏的端面密封，由动环端面与静环端面相互贴合而构成的动密封，是决定机械密封性能和寿命的关键。据统计，机械密封的泄漏大约有 80% ~ 95% 是由于密封端面摩擦副造成的。因此，对动环和静环的接触端面要求很高，我国机械行业标准 JB/T4127.1—1999《机械密封密封技术条件》中规定：密封端面平面度不大于 $0.9\mu m$；金属材料密封端面粗糙度 R_a 值应不大于 $0.2\mu m$，非金属材料密封端面粗糙度 R_a 值应不大于 $0.4\mu m$。

机械密封具有以下特点：

（1）密封性好。在长期运转中密封状态很稳定，泄漏量很小，据统计约为软填料密封泄漏量的 1% 以下。

（2）使用寿命长。机械密封端面由自润滑性及耐磨性较好的材料组成，还具有磨损补偿机构。因此，密封端面的磨损量在正常工作条件下很小，一般的可连续使用 1 ~ 2 年，特殊的可用到 5 ~ 10 年以上。

（3）运转中不用调整。由于机械密封靠弹簧力和流体压力使摩擦副贴合，在运转中即使摩擦副磨损后，密封端面也始终自动的保持贴合。因此，正确安装后，就不需要经常调整，使用方便，适合连续化、自动化生产。

（4）功率损耗小。由于机械密封的端面接触面积小，摩擦功率损耗小，一般仅为填料密封的20%~30%。

（5）轴或轴套表面不易磨损。由于机械密封与轴或轴套的接触部位几乎没有相对运动，因此对轴或轴套的磨损较小。

（6）耐振性强。机械密封由于具有缓冲功能，因此当设备或转轴在一定范围内振动时，仍能保持良好的密封性能。

（7）密封参数高，适用范围广。当合理选择摩擦副材料及结构，加之设置适当的冲洗、冷却等辅助系统的情况下，机械密封可广泛适用于各种工况，尤其在高温、低温、强腐蚀、高速等恶劣工况下，更显示出其优越性。目前机械密封技术参数可达到如下水平：轴径为 5~1000mm；使用压力为 $1 \times 10^{-6} \sim 42 \times 10^{6}$Pa；使用温度 $-200 \sim 1000℃$；机械转速可达 50000r/min；密封流体压力 p 与密封端面平均线速度 v 的乘积 pv 值可达 1000 MPa·m/s。

（8）结构复杂、拆装不便。与其他密封比较，机械密封的零件数目多，要求精密，结构复杂。特别是在装配方面较困难，拆装是要从轴端抽出密封环，必须把机器部分（联轴器）或全部拆卸，要求工人有一定的技术水平。经过不断改进，拆装方便并可保证装配质量的剖分式或集装箱式机械密封已广泛应用与工业生产装置中。

B 机械密封的分类

机械密封的分类方法很多，表6-3列出了按使用工况和参数分类的机械密封。根据密封端面的对数分类，可分为单端面、双端面和多端面机械密封。其中，双端面密封适用于腐蚀、高温、液化气带固体颗粒及纤维、润滑性能差的介质，以及有毒、易燃、易爆、易挥发、易结晶和贵重的介质。加压湿法冶金用压力釜搅拌轴的密封主要使用双端面密封。双端面密封有轴向双端面密封，如图 6-20a、b 所示，径向双端面密封，如图 6-20c 所示和带中间环的双端面密封，如图 6-20d 所示。沿径向布置的双端面密封结构较轴向双端面密封紧凑。带中间环的双端面密封，一个中间密封环被一个动环和一个静环所夹持。旋转的中间环密封，可用于高速下降低 pv 值；不转的中间环密封，用于高压和（或）高温下减少力变形和（或）热变形。具有中间环的螺旋槽面密封可用作双向密封。

表 6-3　机械密封按使用工况和参数分类

分类依据	工况参数	分　类	分类依据	工况参数	分　类
密封腔	$t > 150$	高温机械密封	平均线速度 /m·s^{-1}	$25 \leqslant v \leqslant 100$	高速机械密封
温度/℃	$80 < t \leqslant 150$	中温机械密封		$v < 25$	一般速度机械密封
	$-20 \leqslant t \leqslant 80$	普温机械密封	被密封介质	含固体磨粒介质	耐磨粒机械密封
	$t < -20$	低温机械密封		强酸、强碱及其它强腐蚀介质	耐强腐蚀介质机械密封
密封腔压力 /MPa	$p > 15$	超高压机械密封		油、水、有机溶剂及其他弱腐蚀介质	耐油、水及其他弱腐蚀介质机械密封
	$3 < p \leqslant 15$	高压机械密封			
	$1 < p \leqslant 3$	中压机械密封			
	常压$\leqslant p \leqslant 1$	低压机械密封	轴径大小 /mm	$d > 120$	大轴径机械密封
	负压	真空机械密封		$25 \leqslant d \leqslant 120$	一般轴径机械密封
密封端面	$v > 100$	超高速机械密封		$d < 25$	小轴径机械密封

轴向双端面密封有背靠背，如图 6-20a 所示和面对面，如图 6-20b 所示布置的结构。这种密封工作时如在两对端面间引入高于介质压力 0.05~0.15 MPa 的封液，以改善端面间的润滑及冷却条件，并把被密封介质与外界隔离，有可能实现介质"零泄

漏"。

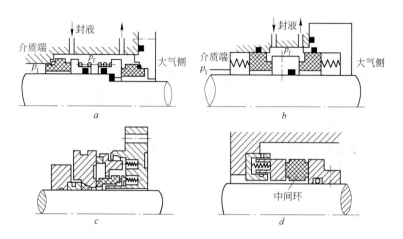

图 6-20　双端面机械密封

a—背靠背结构；*b*—面对面结构；*c*—径向

双端面结构；*d*—带中间环结构

C　机械密封端面摩擦机理与摩擦状态

机械密封是靠动、静环的接触端面在密封流体压力和弹性元件的压紧力作用下紧密贴合，并相对滑动达到密封的。工作时，机械密封端面上同时发生摩擦、润滑与磨损等现象，其中摩擦是基本的，润滑是为了改善摩擦工况，磨损是摩擦的结果。

a　摩擦副密封端面特征

随着摩擦学的深入发展，人们认识到实际上机械密封的密封端面都是凹凸不平的粗糙表面。如图 6-21 所示，密封端面的真实几何形状是由表面形状误差、表面波度和表面粗糙度三部分组成。而普通机械密封密封端面间的液膜极薄，基本上是与表面粗糙度处于同一数量级，因此表面形貌中的高频粗糙度、低频波度和整体形状误差都对机械密封的性能有很大影响。

表面形状误差是密封件在加工成型时所具有的宏观几何形状误差。对于机械密封其端面形状误差用平面度表示。此外，由于

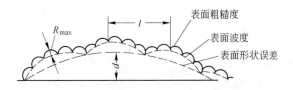

图 6-21　密封端面的真实几何形状示意图

压差和温度的作用，密封面具有径向表面锥度。

表面波度是指密封表面形成较长而有规律的波浪形纹理，如加工时机床—工具—工件系统的低频振动所引起的密封件表面几何形状误差，具有一定波高、波距和波数。此外，结构和受力不匀称也会产生表面波度。

表面粗糙度是指加工时在表面波纹上形成较小的几何轮廓。它是微观形状误差，而表面形状误差是宏观形状误差，波度是介于两者之间的形状误差。

b　机械密封端面摩擦机理

图 6-22 所示是机械密封端面摩擦机理的微观模型，h_0 是液膜的平均厚度，表面存在一层很薄的边界膜，在弹性元件弹力和密封流体压力形成的端面闭合力 F_c 的作用下，表面微凸体的尖峰接触以支承载荷，同时伴随着弹、塑性变形。当闭合力较大时，微凸体尖峰的表面膜将破裂而导致固体的直接接触，如图中的 A 部分。图中 B 部分为边界膜接触，C 部分为微凸体之间形成的微观空腔。当 h_0 较小时，各微观空腔 C 之间基本上是不连续的，因而不充满液体或虽充满了液体但压力很小，密封闭合力

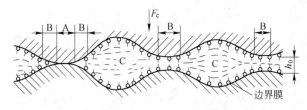

图 6-22　机械密封端面摩擦机理的微观模型

主要由边界膜和固体直接接触来承受，此时对应于边界摩擦状态；随着 h_0 的增加，微观空腔 C 将部分的连接起来，产生较大的流体静压力和流体动压力，密封闭合力由流体压力、边界膜和固体接触三部分承受，此时对应于混合摩擦状态；当 h_0 增大到一定值时，微观空腔 C 已连成一片，密封缝隙中的流体静压力和流体动压力足以承受密封闭合力，表面微凸体不再接触，此时对应于流体摩擦状态。

由以上分析可知：边界摩擦状态时摩擦力主要由固体摩擦力和边界摩擦力两部分组成；混合摩擦状态时摩擦力由固体摩擦力、边界摩擦力和流体内摩擦力三部分组成；流体摩擦状态时摩擦力主要是流体内摩擦力。因为在法向载荷一定时有：流体摩擦力＜边界摩擦力＜固体摩擦力，所以，在密封端面闭合力 F_c 一定时的摩擦系数有：$f_流 < f_混 < f_边$，磨损量有：$\delta_流 < \delta_混 < \delta_边$。

c　机械密封端面摩擦状态分析

机械密封的工作状况取决于密封面间的摩擦状态。机械密封可能处于干摩擦状态或边界摩擦、混合摩擦、流体摩擦工作。

（1）干摩擦状态。在两密封端面间不存在润滑膜，摩擦主要取决于滑动面的固体相互作用。在一般工程条件下，密封面上还可能吸附气体（介质的蒸气）或氧化层。此时固体与固体的接触磨损很大，并主要取决于载荷和配合材料。

（2）边界摩擦状态。两密封端面摩擦时，其表面吸附着一种流体分子的边界膜。此流体膜非常薄，使两端面处于被极薄的分子膜所隔开的状态。这种状态下的摩擦称为边界摩擦。边界摩擦中起润滑作用的是边界膜，可是测不出任何液体压力。一般来说，边界膜的分子有 3～4 层，其厚度为 20nm 左右，并且部分是不连续的，局部地方发生固体接触，载荷几乎都由表面的高峰承担，如图 6-23a 所示。液膜介质的黏度对摩擦性质没有多大影响，摩擦性能主要取决于膜的润滑性和摩擦副材料。

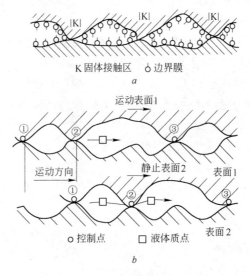

K 固体接触区　Ō 边界膜

a

运动表面1

运动方向

静止表面2　表面1

① ② ③

表面2

○ 控制点　□ 液体质点

b

图 6-23　流体交换流动理论

a—边界摩擦状态；*b*—流体交换流动模型

迈尔基于边界摩擦学说，在研究了机械密封端面缝隙中没有明显的缝隙压力情况下泄漏流动的真实状态后，建立了流体交换流动理论。该理论认为：液体主要通过单个的没有相互连通的细沟或者空隙渗入到密封面上。由于在密封面整个宽度上都存在粗糙不平的不连续的迷宫形凹隙，所以当密封环旋转时，在残余压力和离心压力的作用下，液体在两个摩擦面上相互碰到的极小的空隙和沟槽间发生交换。在载荷作用下，滑动表面的情况看上去更像群湖的高空照片，密封端面间的各微观空隙彼此之间很少连通，当两个环中之一旋转时，可以像人通过旋转门或物体经由计算机器那样，液体从一个空隙转移到另一个空隙中去，一直到液体质点达到缝隙的终端，从而导致泄漏，如图 6-23*b* 所示。

（3）流体摩擦状态。在理想的条件下，两密封端面由一层足够厚的润滑膜所隔开，滑动面之间不直接接触。此时摩擦仅由黏性流体的剪切产生，故其大小通常要比固体摩擦小得多，而且也不存在固体的磨损。这种润滑状态为流体润滑，这种状态下的摩擦称为流体摩擦。在完全流体摩擦状态下，润滑剂的动力黏度影响摩擦的性质。此时，润滑剂流体表现出它的体积特性，摩擦发生在润滑剂的内部，是属于润滑剂的内摩擦。

（4）混合摩擦状态。这是介于上述三种摩擦状态之间的一种摩擦状态，在密封端面间，能够形成局部中断的流体动压或流体静压的润滑膜，即接触表面间几种摩擦同时出现。

d 端面摩擦状态对机械密封性能的影响

机械密封在运行过程中最重要的现象是摩擦，端面摩擦状态决定了端面间的摩擦、磨损和泄漏。为减少摩擦功耗，降低磨损，延长使用寿命，提高机械密封工作的可靠性，端面间应该维持一层液膜，且保持一定的厚度，以避免表面微凸体的直接接触。因此，液膜的特性和形态对研究端面摩擦有重要的意义。一般认为，端面间液膜形成原因是由于表面粗糙度、不平度、热变形等产生了不规则的微观润滑油楔，引起动压效应，减少了端面摩擦，改善了密封端面的摩擦性能。又由于在沿密封端面宽度上形成不连续的凹隙，当两密封环相对运动时，在介质压力和离心力的作用下，在两密封端面的空隙内会产生流体的交换作用。可见，液膜的形态、性能和端面的粗糙度、比压、相对滑动速度以及离心力的大小和方向都有着密切的关系，即液膜的形成与端面摩擦状态有密切的关系。

密封端面的不同摩擦状态，对密封装置的泄漏和磨损有着不同的影响。密封端面处于干摩擦状态，两端面间的固体直接接触，磨损很大。随着磨损的加剧，泄漏量增大，机械密封应避免在干摩擦状态下工作。

密封端面处于流体摩擦状态时，摩擦仅由黏性流体的剪切产生，故其大小通常要比固体摩擦小得多，而且也不存在固体的磨损，摩擦发生在润滑剂的内部，是属于润滑剂的内摩擦。但流体液膜越厚，泄漏量越大，因此减少摩擦和磨损必须付出泄漏量增大的代价。普通的机械密封在流体摩擦状态下工作时泄漏量较大，将失去密封的意义，因此一般不采用。

密封端面处于边界摩擦状态时，润滑膜的黏度对摩擦性质没有多大的影响。摩擦性能主要取决于边界膜的润滑性能和摩擦副的材料。边界摩擦下的泄漏量很小，磨损通常也很大，可是这种磨损与摩擦副是否合适以及润滑介质有密切的关系。

密封端面处于混合摩擦状态时，在密封端面间能够形成局部中断的流体动压或流体静压的润滑膜。润滑膜的动力黏度和摩擦副材料特性对摩擦过程有明显的影响。混合摩擦状态下存在轻微的磨损，摩擦系数较小，泄漏量不大。

对于普通机械密封而言，液膜太厚显然密封性能变差，而干摩擦会引起剧烈磨损，造成早期失效，考虑到密封性能以及摩擦、磨损特性，机械密封端面的最佳摩擦状态应该是混合摩擦状态，如密封性能要求很高，则应该是边界摩擦状态。

D　机械密封常用材料及选择

在过程工业中，由于机泵的工作介质繁多和工作条件苛刻，所以使用机械密封时，除了对密封结构和密封系统重视外，对机械密封用材料也必须加以重视，而且必须根据具体的用途、介质性质和工作条件，采用不同的密封材料。机械密封材料包括摩擦副、辅助密封、加载弹性元件及其他零件材料。正确合理地选择各种材料，特别是端面摩擦副材料，对保证机械密封工作的稳定性，延长其使用寿命、降低成本等有着重要意义。材料的选择往往是一个十分关键的问题，甚至决定密封的成败。

a　机械密封常用材料

（1）摩擦副材料：

摩擦副材料是指动环和静环的端面材料。机械密封的泄漏80%～95%是由于密封端面引起的，除了密封相互的平行度和密封面与轴心的垂直度等以外，密封端面的材料选择非常重要。

1）摩擦副材料的基本要求：

通常摩擦副的动环和静环的材料选用一硬一软两种材料配对使用，只有在特殊情况下（如介质有固体颗粒等）才选用硬对硬材料配对使用。摩擦副组对是材料物理力学性能、化学性能、摩擦特性的综合应用。在选择摩擦副材料组对时，应注意以下几点基本要求。

①物理力学性能。弹性模量大，机械强度高，密度小，导热性好，热膨胀系数低，耐热裂和热冲击性好，耐寒性和耐温度的急变性好。

②化学性能。耐腐蚀性好，抗溶胀、老化。

③摩擦学性能。自润滑性好，摩擦系数低，能承受短时间的干摩擦，耐磨性好，相溶性好。由于摩擦副密封端面要进行相对滑动，仅各自的材料耐磨性好还不够，还要考虑摩擦副材料组对的相容性问题。相容性差的两种材料组成摩擦副时，易发生黏着磨损。只有相容性良好的材料组对，才能得到良好的自润滑性和耐磨性。

④其他性能。切削加工性好，成形性能好，材料来源方便。

目前用作摩擦副的材料很多。软质材料主要有：石墨、聚四氟乙烯、铜合金等；硬质材料主要有：硬质合金、工程陶瓷、金属等。

2）密封面软材料：

①石墨。石墨是机械密封中用量最大、应用范围最广的摩擦副组对材料。它具有许多优良的性能，如良好的自润滑性和低的摩擦系数，优良的耐腐蚀性能（除了强氧化性介质如王水、铬酸、浓硫酸和卤素外，能耐其他酸、碱、盐类及一切有机化合物的腐蚀），导热性好、线膨胀系数低、组对性能好，且易于加工、成本低。石墨是用焦炭粉和石墨粉（或炭黑）作基料，用沥青作黏接剂，经模压成型在高温下烧结而成。根据所用原料及烧结时间、烧结温度的不同，常见的有碳石墨和电化石墨两种。前者质硬而脆，后者质软、强度低、自润滑性好。密封面软材料中应用最普遍的是碳石墨。

然而，碳石墨存在着气孔率大（18% ~ 22%），机械强度低的缺点。因此，碳石墨用作密封环材料时，需要用浸渍等办法来填塞空隙，并提高其强度。浸渍剂的性质决定了浸渍石墨的化学稳定性、热稳定性、机械强度和可应用温度范围。目前常用的浸渍剂有合成树脂和金属两大类。当使用温度小于或等于170℃时，可选用浸合成树脂的石墨。常用的浸渍树脂有酚醛树脂、环氧树脂和呋喃树脂。酚醛树脂耐酸性好，环氧树脂耐碱性好，因此浸呋喃树脂石墨环应用最为普遍。当使用温度大于170℃时，应选用浸金属的石墨环，但应考虑所浸金属的熔点，耐介质腐蚀特性等。常用的浸渍金属有巴氏合金、铜合金、铝合金、锑合金等。浸锑碳石墨抗弯和抗压强度高，分别达30MPa和90MPa，使用温度可达500℃；浸铜或铜合金的碳石墨使用温度为300℃；浸巴氏合金的碳石墨使用温度为120~180℃。

②聚四氟乙烯。聚四氟乙烯具有优异的耐腐蚀性（几乎能耐所有强酸、强碱和强氧化剂的腐蚀），自润滑性好，具有很低的摩擦系数（仅0.04），较高的耐热性（高至250℃）和耐寒性（低至-180℃），耐水性、抗老化性、不燃性、韧性及加工性能都很好。但它也存在着导热性差（仅为钢的1/200），耐磨性差，成形时流动性差，热膨胀系数大（约为钢的10倍），长期受力下容易变形（称为冷流性）等缺点。为克服这些缺点，通常是在聚四氟乙烯中加入适量的各种填充剂，构成填充聚四氟乙烯。最常用的填充剂有玻璃纤维、石墨等。填充聚四氟乙烯密封环常用于腐蚀性介质环境中。

填充玻璃纤维20%的聚四氟乙烯环可以与多种陶瓷材料组对，如与铬刚玉陶瓷组对，在稀硫酸泵中应用效果很好。填充15%玻璃纤维、5%石墨的密封环常与氧化铝陶瓷组对，用于强腐蚀介质。填充15%钛白粉、5%玻璃纤维的密封环与碳化硅组对适用于硫酸、硝酸介质等。食品、医药机械用密封，不应选用碳石墨或填充石墨的聚四氟乙烯作摩擦副材料，因为被磨损的石墨粉有可能进入产品，形成对产品的污染。即使石墨无害，也会使产品染色，影响产品的纯净度和外观质量。对这种情况，填充玻璃纤维的聚四氟乙烯是优选材料。

③铜合金。铜合金（青铜、磷青铜、铅青铜等的铸品）具有弹性模量大、导热性好、耐磨性好、加工性好和与硬面材料对磨性好的特点。与碳石墨相比强度高、刚度好。但耐蚀性差，无自润滑性并容易烧损。主要用于低速及海水、油等中性介质。

3）密封面硬材料：

①硬质合金。硬质合金是一类靠粉末冶金方法制造获得的金属碳化物。它依靠某些合金元素，如钴、镍、钢等，作为黏结相，将碳化钨、碳化钛等硬质相在高温下烧结黏合而成。硬质合金具有硬度高（87～94HRA）、强度大（其抗弯强度一般都在1400MPa以上）、耐磨损、耐高温、导热系数高、线膨胀系数小、摩擦系数低和组对性能好，且具有一定的耐腐蚀能力等综合优点，是机械密封不可缺少的摩擦副材料。常用的硬质合金有钴基碳化钨（WC-Co）硬质合金、镍基碳化钨（WC-Ni）硬质合金、镍铬基碳化钨（WC-Ni-Cr）硬质合金、钢结碳化钛硬质合金。

钴基碳化钨（WC-Co）硬质合金是机械密封摩擦副中应用最广的硬质合金，但由于其黏结性耐腐蚀性能不好，不适用于腐蚀环境。为了克服钴基碳化钨硬质合金耐蚀性差的缺陷，出现了镍基碳化钨（WC-Ni）硬质合金，含镍6%～11%，其耐蚀性能有很大提高，但硬度有所降低，在某些场合中使用受到了一定限制。因此出现了镍铬基碳化钨（WC-Ni-Cr）硬质合金，它不仅有很好的耐腐蚀性，其强度和硬度与钴基碳化钨硬质合金相当，是一种性能良好的耐腐蚀硬质合金。

钢结硬质合金是以碳化钛（TiC）为硬质相，合金钢为黏结相的硬质合金，其硬度与耐磨性与一般硬质合金接近，机加工性能与一般金属材料类同。金属坯材烧结后经退火即可加工，加工后再经高温淬火与低温回火等适当热处理后，便具有高硬度（69～73HRC）、高耐磨性和高刚性（弹性模量较高），并具有较高的强度与一定的韧性。另外，由于TiC颗粒呈圆形，所以它的摩擦系数大大降低，且具有良好的自润滑性。同时它还有良好抗冲击能力，可用在温度有剧烈变化的场合。

硬质合金的高硬度、高强度，良好的耐磨性和抗颗粒性，使其广泛适用于重负荷条件或用在含有颗粒、固体及结晶介质的场合。

②工程陶瓷。工程陶瓷具有硬度高、耐腐蚀性好、耐磨性好和耐温变性好的特点，是较理想的密封环端面材料。缺点是抗冲击韧性低、脆性大、硬度高、机加工困难。目前用于机械密封摩擦副的主要是氧化铝陶瓷（Al_2O_3）、氮化硅陶瓷（Si_3N_4）和碳化硅陶瓷（SiC）。

氧化铝陶瓷：氧化铝陶瓷的主要成分是 Al_2O_3 和 SiO_2，Al_2O_3 超过60%的叫刚玉瓷。目前用作机械密封环较多的是（95% ~ 99.8%）Al_2O_3 的刚玉瓷，分别被简称为95瓷和99瓷。Al_2O_3 含量很高的刚玉瓷除氢氟酸、氟硅酸及热浓碱外，几乎耐各种介质的腐蚀。但抗拉强度较低，抗热冲击能力稍差，易发生热裂。其热裂主要由于温度变化引起的热应力达到了材料的屈服极限。

在95% Al_2O_3 刚玉瓷坯料中加入 0.5% ~ 2% 的 Cr_2O_3，经1700 ~ 1750℃高温焙烧可制得呈粉红色的铬刚玉陶瓷，它的耐温度急变性能好，脆性降低，抗冲击性能得到提高。铬刚玉陶瓷与填充玻璃纤维聚四氟乙烯组对，用于耐腐蚀机械密封时性能很好。

氧化铝陶瓷密封环由于优良的耐腐蚀性能和耐磨性能，被广泛应用于耐腐蚀机械密封中。但值得注意的是，一套机械密封的动、静环不能都使用氧化铝陶瓷制造，因有产生静电的危险。

氮化硅陶瓷：氮化硅陶瓷（Si_3N_4）是20世纪70年代我国为发展耐腐蚀用机械密封而开发的材料。通过反应烧结法生产的氮化硅陶瓷（Si_3N_4）应用较多。能耐除氢氟酸以外的所有无机酸及30%的碱溶液的腐蚀，热膨胀系数小，导热性好，抗热冲击性能优于氧化铝陶瓷，且摩擦系数较低，有一定的自润滑性。

在耐腐蚀机械密封中，Si_3N_4 与碳石墨组对性能良好，而与填充玻璃纤维聚四氟乙烯组对时，Si_3N_4 的磨耗大，其磨损机理有待深入研究。Si_3N_4与Si_3N_4组对的性能也不太好，会导致较大的磨损率。

碳化硅陶瓷：碳化硅陶瓷（SiC）是新型的、性能非常良好的摩擦副材料。它质量轻、比强度高、抗辐射能力强；具有一定的自润滑性，摩擦系数小；硬度高、耐磨损、组对性能好；化学稳定性高、耐腐蚀，它与强氧化性物质只有在 500 ~ 600℃ 高温下才起反应，在一般机械密封的使用范围内，几乎耐所有酸、碱；耐热性好（在 1600℃ 下不变化，极限工作温度可达 2400℃），导热性能良好、耐热冲击。自 20 世纪 80 年代以来，国内外各大机械密封公司纷纷把碳化硅作为高 pv 值的新一代摩擦副组对材料。

根据制造工艺不同，碳化硅分为反应烧结 SiC、常压烧结 SiC 和热压 SiC 三种。机械密封中常用的为反应烧结 SiC。

③金属材料。铸铁和模具钢、轴承钢等特殊钢不耐腐蚀，不能用于水类液体和药液，通常用于低负荷、油类液体，一般工艺过程中很少用它。斯太利特（钴镍钨合金）也属于此类。

④表面复层材料。随着表面工程技术和摩擦学的发展，机械密封材料也发展到通过表面技术来改进材料的性能。

表面堆焊硬质合金。在金属表面堆焊硬质合金可以有效地改善耐磨性能及耐腐蚀性能。目前机械密封上使用的堆焊硬质合金主要有钴基合金、镍基合金和铁基合金。这类合金具有自溶性和低熔点的特性，有良好的耐磨性和抗氧化特性，但不耐非氧化性酸和热浓碱。它的硬度不算高，抗热裂能力也较差，不宜用于带颗粒介质的密封和高速密封，比较适宜在中等负荷的条件下作摩擦副材料。

表面热喷涂。热喷涂是利用一种热源，将金属、合金、陶瓷、塑料及复合材料、组合材料等粉末或丝材、棒材加热到熔化或半熔化状态，并用高速气流雾化，以一定的速度喷洒于经预处理过的工作表面上形成喷涂层。如将喷涂层再用火炬或感应加热方法重熔，使之与工件表面呈冶金结合则称为热喷焊。机械密封用的热喷涂硬质材料多为各种陶瓷。将高熔点的陶瓷喷涂在基体金属上，其表面可获得耐磨、耐蚀的涂层，涂层厚度可以控制，一般能从几十毫米到几毫米，这样材料就兼有基体材料的韧性和涂层的耐蚀及耐磨性，并且可以大大降低密封环的成本。

表面烧覆碳化钨耐磨层。表面烧覆碳化钨耐磨层是用铸造碳化钨（WC）粉为原料，以铜或 NiP 合金作黏结剂，直接冷压在金属（不锈钢或碳钢）表面，然后经高温烧结而成。在金属的表面烧覆碳化钨而获得耐磨层，国外称为 RC 合金（Ralit Copper）。它制成密封环既节省碳化钨又缩短加工工时，可大大降低成本，同时还可克服常用热套或加密封垫镶嵌环在高温下可能出现从座圈中脱出的缺点，或密封垫材料蠕变、碳化而失效的弊端。同时根据需要能方便地控制耐磨层厚度（可控制在 1 ~ 4 mm）。实际使用结果表明，在高温（大于290℃）油类介质和含固体磨粒的场合，RC 合金是一种具有优良耐磨性和热稳定性的密封材料。国内采用渗透法工艺研制出 RC（WC-Cu）合金和 WC-NiP 合金。其中 RC 合金比钴基碳化钨（WC-Co）类硬质合金有更好的热稳定性，不易发生热裂，主要使用于油类、海水、盐类、大多数有机溶剂及稀碱溶液等，而 WC-NiP 合金主要是针对大多数材料均不耐非氧化性酸而提出的，同时它在碱溶液、水及其他介质中与 RC 合金和 WC-Co 硬质合金的耐蚀性能相近。

真空烧结环。真空烧结工艺是一种表面冶金工艺。它是以自溶性镍基合金在金属母体表面扩散、湿润，在真空炉中熔结于母体（环坯）表面而成的。镍基合金与母体在短时间加热的过程，充分扩散互熔，成为冶金结合。其合金层与母体材料结合强度高，耐热冲击性能好，且母材对合金层的影响小。由于表面采用镍基合金，固具有良好的耐磨性和耐腐蚀性。真空熔结环的硬度适中，摩擦系数低，耐磨性好，耐腐蚀性接近斯太利特合金，且有良好的耐温度剧变性能，加工量小，成品率高，成本低，用于机械密封环已取得满意的效果。

（2）辅助密封圈材料：

机械密封的辅助密封圈材料包括动环密封圈和静环密封圈。根据其作用,要求辅助密封材料具有良好的弹性、较低的摩擦系数,耐介质的腐蚀、溶解、溶胀、耐老化,在压缩后及长期的工作中永久变形较小,高温下使用具有不黏结性,低温下不硬脆而失去弹性,具有一定的强度和抗压性。

辅助密封圈常用的材料有合成橡胶、聚四氟乙烯、柔性石墨、金属材料等。合成橡胶是使用最广的一种辅助密封圈材料,常用的有丁腈橡胶、氟橡胶、硅橡胶、氯丁橡胶、乙丙橡胶等。不同种类的橡胶有不同的耐腐蚀性能、耐溶剂性能和耐温性能,在选用时需加以注意。辅助密封圈材料,在一般介质中可使用合成橡胶制成的 O 形圈;在腐蚀性介质中可使用聚四氟乙烯制成的 V 形圈、楔形环等;在高温下(输送介质温度不低于200℃)时可优先采用柔性石墨,但柔性石墨的强度低,应注意加强和保护;在高压下,尤其是高压和高温同时存在时,前几种材料并不能胜任,这时只有选用金属材料来制作辅助密封。根据不同的工作条件有不同的金属材料供选用,金属空心 O 形圈的材料有0Cr18Ni9Ti、0Cr18Ni12Mo2Ti、1Cr18Ni9Ti 等,对于端面为三角形的楔形环,则常采用铬钢。

(3)弹性元件材料:

机械密封弹性元件有弹簧和金属波纹管等。要求材料强度高、弹性极限高、耐疲劳、耐腐蚀以及耐高(或低)温,使密封在介质中长期工作仍能保持足够的弹力维持密封端面的良好贴合。

泵用机械密封的弹簧多用 4Cr13、1Cr18Ni9Ti(304 型)和 0Cr18Ni12Mo2Ti(316 型);在耐腐蚀性较弱的介质中,也可以用碳素弹簧钢;磷青铜弹簧在海水、油类介质中使用良好。60Si2Mn 和 65Mn 碳素弹簧钢可用于常温无腐蚀性介质中。50CrV 用于高温油泵中较多。3Cr13、4Cr13 铬钢弹簧钢适用于弱腐蚀介质;1Cr18Ni9Ti 等不锈钢弹簧钢在稀硝酸中使用。对于强腐蚀介质,可采用耐腐蚀合金(如高镍铬合金等)或弹簧加聚四氟乙烯保护套或涂覆聚四氟乙烯，来保护弹簧使之不受介质腐蚀。

金属波纹管的材料可以用奥氏体不锈钢、马氏体不锈钢、析出硬化性不锈钢（17-7PH）、高镍铜合金（Monel）、耐热高镍合金（Inconel）、耐蚀耐高温镍铬合金（Hastelloy B 及 C）和磷青铜。还有采用 0Cr18Ni9Ti 和 1Cr18Ni9Ti 不锈钢。

（4）其他零件材料：

机械密封其他零件，如动静环的环座、推环、波纹管座、弹簧座、传动销、紧固螺钉、轴套、集装套等，虽非关键部件，但其设计选材也不能忽视，除应满足机械强度要求外，还要求耐腐蚀。这些零件材料中，石油化工常用的不锈钢、铬钢，如 1Cr13、2Cr13、1Cr18Ni9Ti 等。根据密封介质的腐蚀性也可以采用其他的耐腐蚀材料。

b　机械密封主要零件材料选择

机械密封所选用的材料对密封的使用寿命的运转可靠性具有重大的意义。然而，机械密封材料的选择却是一个复杂的问题。

对于接触式机械密封，摩擦副材料的选择和组对最重要，必须考虑其配对性能。在应用过程中，可靠性比经济性更重要，在可能的情况下，应优先考虑选择高等级的配对材料。端面摩擦副材料组对方式多种多样，下面为几种常用的组对规律。

对于轻载工况（$v \leqslant 10\text{m/s}$，$p \leqslant 1\text{MPa}$），优先选择一密封环材料为浸树脂石墨，而另一配对密封环材料，则可根据不同的介质环境进行选择。例如，油类介质可选用球墨铸铁，水、海水可选用青铜，中等酸类介质可选用高硅铸铁、含铝高硅铸铁等。轻载工况也可选择等级更高的材料，如碳化钨、碳化硅等。

对于高速、高压、高温等重载工况，石墨环一般选择浸锑石墨，与之配对材料通常选择导热性能很好的反应烧结或无压烧结碳化硅，当可能遭受腐蚀时，选择化学稳定性更好的热压烧结碳化硅。

对于同时存在磨粒磨损和腐蚀性的工况，端面材料必须均选择硬材料以抵抗磨损。常用的材料组合为碳化硅对碳化钨，或碳化硅对碳化硅。碳化钨材料一般选择钴基碳化钨，但有腐蚀危险时，选择更耐腐蚀的镍基碳化钨。对于强腐蚀而无固体颗粒的工况，可以选择填充玻璃纤维聚四氟乙烯对超纯氧化铝陶瓷（99% Al_2O_3）。

　　E　釜用机械密封

　　釜用机械密封有以下特点：釜用机械密封大部分密封介质是气体而不是液体（只有满釜操作时才是液体密封），固密封端面的工作条件比较苛刻，端面磨损较大。由于气体渗透性强，故要求较高的弹簧比压，并应考虑润滑与冷却。可采用偏心静环或动环，以及加润滑液槽等方法以取得良好的密封。

　　转轴的速度大都是在 500r/min 以下，甚至有的在200~300r/min。

　　釜轴多半是立轴，转轴较泵轴大且长，而轴承间距较短、轴伸距较长，故搅拌轴的摆动量较大，影响动环与静环的紧密贴合，为此，必须控制搅拌轴轴封处的振摆，通常在轴底部安装非金属（石墨、四氟塑料）或金属（青铜、铸铁等）轴瓦以控制摆动。

　　釜用机械密封尺寸大，零件重，更换比较复杂，必须考虑更换密封件时的拆装条件。釜用机械密封一般为外装式，搅拌轴以活动联轴器（对半结构）连接于传动轴，搅拌轴与传动轴间应留有空挡，其尺寸大于密封件零件最高尺寸，以便检修密封时仅需拆卸联轴器的空挡垫块即可更换密封件。

　　反应釜工艺条件变化大、压力经常波动，开、停车频繁和间歇操作。

　　图6-24所示为立式双端面小弹簧平衡式釜用机械密封。这种密封具有上述特点。此外上密封的负荷要比下密封大，因为上端靠大气侧，压差比靠介质侧大。

　　直接密封气相介质，高温、有毒、贵重、易气化、易结晶及含固体颗粒液相介质具有较大难度，可借助机械密封系统，采用

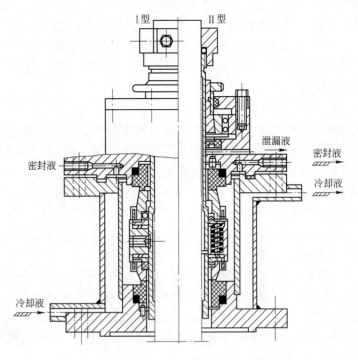

图 6-24　立式双端面小弹簧平衡式釜用机械密封

　　双端面机械密封来更换密封介质。在双端面机械密封中，需要从
外部引入与被介质相容的密封液体，通常称为封液。封液在密封
腔体中不仅有改善润滑条件和冷却的作用，还起封堵隔离的作
用。由于封液压力稍高于被密封介质压力，故工作介质端密封端
面两侧的压力差很小，密封容易解决，且发生泄漏时，只能是封
液向设备内漏，而不会发生被密封介质外漏。因此，被广泛用于
易燃、易爆、有害气体、强腐蚀介质等密封要求严格的场合。为
使封液与被密封介质之间保持一定的压力差，并当介质压力波动
时，所需压差仍保持不变，则需要有压力平衡装置。

　　双端面机械密封须有封液，对大气侧端面进行冷却、润滑，
对介质侧端面进行液封。封液的压力必须高于介质压力，一般高

0.05～0.2MPa。封液系统有：利用虹吸的封液系统、封闭循环的封液系统、利用工作压力的封液系统、循环集中供液系统。工业上广泛采用的是利用工作压力的封液系统，最大压力可达6MPa，容量6L。

密封液工作原理示意图如图6-25所示。上部动环与搅拌轴连接，动环的下端面加工成光洁度很高的镜面，下部的静环安装在釜体上，净环的上端面图也加工成镜面，动环、静环的接触面（图中箭头之间的双线部分）靠强制压入的水保持釜内的压力，密封液从动环外的密封腔通过镜面接触间隙后流入釜内，同时对镜面起润滑作用。保证密封系统的正常工作。

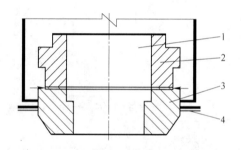

图 6-25 密封原理示意图

1—搅拌轴；2—动环；3—静环；4—压力釜壳体

双端面机械密封的摩擦副下端面动环、静环均为氮化硅，上端面动环为氮化硅、静环为呋喃浸渍石墨。在密封腔外部也设有冷却水套，改善密封的工作状态。密封端面中的密封液采用强制循环，密封液采用软化水，压力比釜内压力高 0.05～0.2MPa。正常操作条件下，每个端面的泄漏量不大于 10mL/h。

在机械搅拌正常运行过程中，必须将密封液（水）缓慢压入密封动环和静环之间的镜面上，保持镜面的润滑和密封。图6-26所示是密封液强制循环装置的示意图，它由左侧的储水罐、泵、管路、冷却系统构成，该装置可将密封水缓慢泵入密封腔。

在正常工作时，阀门1、2、3、4、5打开，逆止阀8处于开

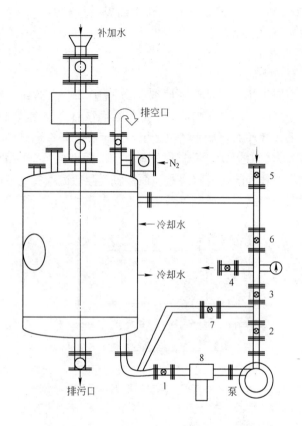

图 6-26   密封液强制循环装置的示意图

1 ~ 7—不锈钢阀门；8—逆止阀

启状态，阀门 6、7 关闭，储水罐中的水通过泵将密封水从阀门 4 输出，泵到密封面上。返回的密封水从阀门 5 流入储液罐，储罐中的水可通过盘管中的冷却水冷却。

图 6-27 所示是一种不耗动力的压力自动伺服的密封液供应装置。用两根 1m 长带活结的耐压软钢丝管与釜内气相和双端面密封液腔体连通。正常工作时，密封液排空阀门关闭，密封液进口阀门和釜压连通阀门打开，釜压将伺服泵中储存的密封液增压

后缓慢压入密封腔中，当釜内压力波动时，密封液的增压量与釜内压力保持线性变化，自动伺服，不出现压力差过大或密封液压力低于釜内压力的情况。

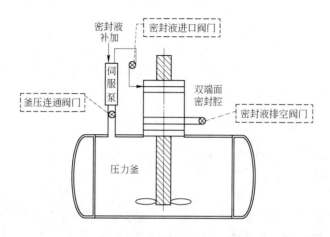

图 6-27 伺服泵连接示意图

一般 4h 补加一次密封液，密封液补加可在 5min 以内完成。更换密封液时，密封液进口阀门和釜压连通阀门关闭，靠残余静压差将密封液缓慢供应到镜面上起润滑和密封作用，密封液更换时不影响搅拌系统的正常工作。密封液补加完成后，重新开启密封液进口阀门和釜压连通阀门，保持密封液的持续供应。

（1）内径为 95mm 双端面密封使用密封液自动伺服供应技术情况：

将该密封液自动伺服供应装置安装在锌精矿加压浸出压力釜的搅拌轴支架上，每个搅拌轴安装一台，双端面密封动环和静环内径为 95mm，经测定在不同釜内压力时，密封腔密封液压力根据釜压和压力差绘制图 6-28，当釜内压力波动时，压力差自动伺服作线性变化。当釜内工作压力为 0.8MPa 时，密封腔内密封液压力表显示压力为 0.85MPa，经过连续一个月的试验，证明密封液自动伺服供应系统工作可靠。

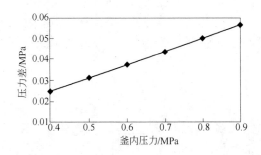

图 6-28　釜压变化对压力差的影响

伺服泵结构简单，当压力提高时，可根据不同压力要求增加泵体的耐压强度，当然这会增加材料和加工费用，但在制作技术上是完全可行的。密封液供应到密封面上的前提是伺服泵提供的密封液压力高于密封腔内压力，可根据双端面密封要求的压力差修改伺服泵结构参数，达到最佳运行压力差。

（2）机械密封的运行：

1）启动前的注意事项及准备：启动前，应检查机械密封的辅助装置、冷却系统是否安装无误；应清洗物料管线，以防铁锈、杂质进入密封腔内。最后，用手盘动联轴器，检查轴是否松动旋转。如果盘动很重，应检查有关配合尺寸是否正确，设法找出原因并排除故障。

2）机械密封的试运行和正常运行：首先将封液系统启动，冷却水系统启动，密封腔内充满介质，然后就可以启动主密封进行试运转。如果一开始就发现有轻微泄漏现象，但经过 1~3h 后逐渐减少，这是密封端面的磨合的正常过程。如果泄漏始终不减少，则须停车检查。如果机械密封发热、冒烟，一般为弹簧比压过大，可适当降低弹簧的压力。

经试运转考验后即可转入操作条件下的正常运转。升压、升温过程应缓慢进行，并密切注意有无异常现象发生。如果一切正常，则可投入生产正常运行。

3）机械密封的停车：机械密封停车应先停主机，后停密封辅助系统。如果停车时间较长，应将主机内的介质排放干净。

当被密封的介质通过密封部件并出现下列情况之一时，则视为机械密封失效。

从密封系统中泄漏出的介质量超标；密封系统的压力降低值超标；加入到密封系统的阻塞流体或缓冲流体（如双端面机械密封的封液）的量超标。

在密封件处于正常工作位置，仅从外界可以观察和发现到的密封失效或即将失效前的常见症状有以下几种。

（1）密封持续泄漏。泄漏是密封最易发现和判断的密封失效症状。机械密封实际工作中总会有一定程度的泄漏，但泄漏率可以很低，采用先进材料和先进技术的单端面机械密封，其典型的质量泄漏率可以低于 1g/h。所谓"零泄漏"一般是指"用现有仪器测量不到的泄漏率"，采用带封液的双端面机械密封可以实现对被密封介质的零泄漏，但封液向系统内的泄漏和向外界环境的泄漏总是不可避免的。

不同结构形式的机械密封判断密封泄漏失效的准则可以不同，但在实践中，往往还依赖于工厂操作人员的目测。就比较典型的滴漏频率来说，对于有毒、有害介质的场合，即使滴漏频率降低到很低的程度，也是不允许的；同样，如果预料密封滴漏频率会迅速加大，也应该判定密封失效。对于非关键性场合（如水），即使滴漏频率大一些，也常常是允许的。目前生产实践中判断密封失效，既依赖于技术，也依赖于操作人员的经验。

机械密封出现持续泄漏的原因主要有：密封端面问题，如端面不平、端面出现裂纹、破碎、端面发生严重的热变形或机械变形；辅助密封问题，如安装时辅助密封被压伤或擦伤、介质从轴套间隙中漏出、O 形圈老化、辅助密封屈服变形（变硬或变脆）、辅助密封出现化学腐蚀（变软或变黏）；密封零件问题，如弹簧失效、零件发生腐蚀破坏、传动机构发生腐蚀破坏。

（2）工作时密封尖叫。密封端面润滑状态不佳时，可能产生尖叫，在这种状态下运行，将导致密封端面磨损严重，并可导致密封环裂、碎等更为严重的失效。此时应设法改善密封端面的润滑状态，如设置或加大旁路冲洗等。

（3）密封面外侧有石墨粉尘积聚。可能是密封端面润滑状态不佳，或者密封端面间液膜气化或闪蒸，此时应考虑改善润滑或尽量避免闪蒸出现。某些情况下可能是留下残渣造成石墨环的磨损。也可能是密封腔内压力超过该密封和密封流体允许的范围，此时必须纠正密封腔压力。

（4）工作时密封发出爆鸣声。有时可以听到密封在工作时发出爆鸣声，这可能是由于密封端面间介质产生气化和闪蒸。改善的措施主要是为介质提供可靠的工作条件，包括在密封的许可范围内提高密封腔压力；安装或改善旁路冲洗系统，降低介质温度，加强密封端面的冷却等。

（5）密封泄漏和密封环结冰。某些场合，观察到密封周围结有冰层，这是由于密封端面间的介质气化或闪蒸。改善的措施同上。应注意结冰可能会擦伤密封端面（尤其是石墨材料），气化问题解决后应将密封端面重新研磨或予以更换。

（6）泵和（或）轴振动。原因是未对中或叶轮和（或）轴不平衡、汽蚀或轴承问题。这些问题虽然可能不会立刻使密封失效，但会降低密封的使用寿命。可以根据维护修理标准来纠正上述问题。

（7）密封寿命短。在目前技术水平情况下，一般要求机械密封的寿命在普通介质中不低于1年，在腐蚀介质中不低于半年，但比较先进的密封标准，如API682，要求密封寿命不低于3年。某些情况下，即使是一年或半年的寿命都难以达到，形成了机械密封的过早失效。造成机械密封过早失效的原因是多方面的，常见的有：设备整体布置不合理，在极端情况下，可能造成密封与轴的直接摩擦；密封介质中含有固体悬浮颗粒，而又未采取消除固体悬浮颗粒的有效措施或未选用抗颗粒磨损机械密封，结果导致密封端面的严重磨损；密封运行时因介质温度过高或润滑不充分而过热；密封所选型式或密封材料与密封工况不相适应。

对失效的机械密封进行拆卸、解体，可以发现密封失效的具体形式多种多样。常见的有腐蚀失效、热损失效和磨损失效。失效的机械密封以腐蚀失效较为常见，而构成腐蚀的原因错综复杂。机械密封常遇到的腐蚀形态及需考虑的影响因素有以下几种。

（1）表面腐蚀：如果金属表面接触腐蚀介质，而金属本身不耐蚀，就会产生表面腐蚀，严重时也可发生腐蚀穿透，弹簧件更为明显，采用不锈钢材料，可减轻表面腐蚀。

（2）点蚀：金属材料表面各处产生的剧烈腐蚀点叫点蚀。通常有整个面出现点蚀和局部出现深坑点蚀两种。采用不锈钢时，钝化了的氧化铬保护膜局部破坏时就会产生点蚀。防止的办法是金属成分中限制铬的含量而增添镍和铜。弹簧套常出现大面积点蚀或区域性点蚀，有的导致穿孔。点蚀的作用要比表面均匀腐蚀更危险。

（3）应力腐蚀：应力腐蚀是金属材料在承受应力状态下处于腐蚀环境中产生的腐蚀现象。容易产生应力腐蚀的材料是铝合金、铜合金、钢及奥氏体不锈钢。一般应力腐蚀都是在高拉应力下产生的，先表现为沟痕、裂纹，最后完全断裂。金属焊接波纹管、弹簧、传动套的传动耳环等机械密封构件最易因产生应力腐蚀而失效。

（4）晶间腐蚀：晶间腐蚀是仅在金属的晶界面上产生的剧烈腐蚀现象。尽管其质量腐蚀率很小，但却能深深地腐蚀到金属的内部，而且还会由于缺口效应而引起切断损坏。对于奥氏体不锈钢，晶间腐蚀在 $450 \sim 850℃$ 之间发生，在晶界处有碳化铬析出，使材料丧失其惰性而产生晶间腐蚀。为了防止这种损失，材料要在 $1050℃$ 下进行热处理，使铬固熔化而均匀地分布在奥氏体基体中。碳化钨环不锈钢环座以铜焊连接，使用中不锈钢座易发生晶间腐蚀。

（5）缝隙腐蚀：当介质处于金属与非金属之间狭小缝隙内而呈停止状态时，会引起缝隙内金属的腐蚀加剧，这种腐蚀形态称为缝隙腐蚀。机械密封弹簧座与轴之间，补偿环辅助密封圈与轴之间（当然此处还存在微动腐蚀），螺钉与螺孔之间，以及陶瓷镶环与金属环座间均易产生缝隙腐蚀。补偿环辅助密封圈与轴之间出现的腐蚀沟槽，将可能导致补偿环不能做轴向移动而使其丧失追随性，使端面分离而泄漏。一般在轴（或轴套）表面喷涂陶瓷，镶环处表面涂以黏结剂可以减轻缝隙腐蚀。

（6）磨损腐蚀：磨损与腐蚀交替作用而造成的材料破坏，即为磨损腐蚀。磨损的产生可源于密封件与流体间的高速运动，冲洗液对密封件的冲刷，介质中是悬浮颗粒对密封件的磨粒磨损。腐蚀的产生源于介质对材料的化学及电化学的破坏作用。磨损促进腐蚀，腐蚀又加速磨损，彼此交替作用，使得材料的破坏比单纯的磨损或单纯腐蚀更为迅速。磨损腐蚀对密封摩擦副的损害最为巨大，常是造成密封过早失效的主要原因。用于化工过程装备中的机械密封就经常会遇到这种工况。

（7）电化学腐蚀：实际上，机械密封的各种腐蚀形态，或多或少都同电化学腐蚀有关。就机械密封摩擦副而言，常常会受到电化学腐蚀的危害，因为摩擦副组对常用不同种材料，当它们处于电解质溶液中时，由于材料固有的腐蚀电位不同，接触时就会出现不同材料之间的电偶效应，即一种材料的腐蚀会受到促进，另一种材料的腐蚀会受到抑制。例如铜和镍铬钢组对，用于氧化性介质中时，镍铬钢发生电离分解。盐水、海水、稀盐酸、稀硫酸都是典型电解质溶液，密封件易于产生电化学腐蚀，因而最好是选择电位相近的材料或陶瓷与填充玻璃纤维聚四氟乙烯组对。

6.2 闪蒸槽

闪蒸槽是加压浸出后实现矿浆的汽、液分离的关键设备，闪蒸排料系统有以下四个作用。

将从高压釜中排出的矿浆的压力降到大气压；使闪蒸蒸汽同矿浆分离；用从闪蒸蒸汽中回收的显热来预热进入加压釜的酸液，更好地实现加压浸出的热平衡；蒸汽蒸发的水量占矿浆体积的 8% ~ 10%，有利于维持湿法炼锌系统的水平衡。

从浸出高压釜排出的矿浆被排入一个绝热的闪蒸槽。从矿浆中排出的蒸汽的温度大约为 115℃，蒸汽通过一个除雾器后送入用来加热酸液的热交换器，过剩的蒸汽则通过换热器排向大气。分离出的热矿浆冷却到 80℃，元素硫由非晶形转变为单斜晶体。

6.3 加压计量泵

加压计量泵是加压浸出中，将矿浆连续、准确地加入压力釜中的装置，它必须同时具有以下特征：过流部件耐酸、耐压、耐精矿磨损、计量准确。因此，该泵不同于普通的砂泵、混凝土输送泵。国外主要采用 Zimpro 泵、Toyo 软管隔膜泵，国内使用柱塞泵、Milton Roy 隔膜计量泵。图 6-29 所示是 Milton Roy 隔膜计量泵实物图片，图 6-30 所示是 Milton Roy 隔膜计量泵结构图，Milton Roy 隔膜计量泵由液压隔膜、密封在壳中的润滑油和可调节计量的活塞腔组成，活塞腔的体积可在设备运转或停止时调整。

图 6-29 Milton Roy 隔膜计量泵实物图片

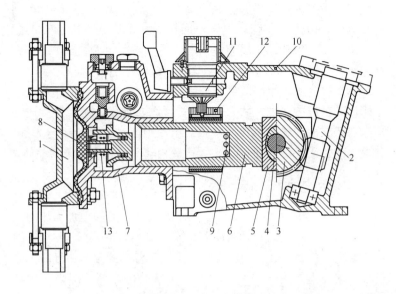

图 6-30 Milton Roy 隔膜计量泵结构图

1—泵腔；2—蜗杆；3—蜗轮；4—中间偏心轮；5—轴套；

6—空心活塞；7—液压腔；8—隔膜；9—径向孔；

10—机壳；11—支承座；12—活塞套筒；13—弹簧

工作原理：蜗杆带动蜗轮驱动中间偏心轮。平行推动固定行程的轴套带动空心活塞作往复运动。活塞挤压液压腔中的油推动隔膜。液压腔通过空心活塞的径向孔与机壳相通。支承座固定活塞套筒，径向孔根据空心活塞的位置被套筒关闭或打开。弹簧维持液压腔内一定的压力来保证计量精确，同时，当液压腔内压力比液压通过控制径向孔的损失大时，径向孔打开。

吸浆状态：空心活塞后退，在活塞前 2/3 行程长度时，径向孔被活塞套筒关闭；在液压腔内呈吸入状态；隔膜随空心活塞移动；（被泵）矿浆进入泵腔。在活塞后 1/3 行程时，径向孔打开，使液压腔和壳体处于直接连通状态；隔膜被弹簧复位；油经空心活塞从壳体吸入。

　　排浆状态：空心活塞向前运动，在活塞前 1/3 行程时，径向孔打开；隔膜被弹簧复位；油经空心活塞排出到壳体中。在活塞后 2/3 的行程时，孔被活塞套筒关闭；空心活塞使液压腔升压；隔膜挤压泵头中的矿浆，将矿浆泵出。

Milton Roy 计量泵的特点如下：

　　（1）高性能隔膜泵头使用的自动机械补油系统（MARS）专利技术，综合了各类传统泵头的优点。高性能隔膜泵头取消了传统液压隔膜泵头所需的物料端的圆盘隔膜护盘，从而使泵头既具有管式隔膜的"直接通过性"和柱塞泵的低净正吸入压头（NPSH）要求等性能，能有效的保护隔膜，延长隔膜寿命，且避免了传统计量泵头精度可能随使用时间变化的弱点。

　　（2）MARS 技术原理（自动机械补油系统）：隔膜和柱塞压向前位置，自动机械补油阀压向前位置，提升阀关闭，阻止补油管内的液压油进入油腔。隔膜和柱塞向后运动，自动机械补油阀也会向后运动直至提升阀打开。提升阀关闭。表示不需补充液压油。隔膜和柱塞再向后运动，自动机械补油阀也再向后运动，由于压力降低，提升阀打开，允许液压油通过管路进入油腔。

　　（3）泵头材料及隔膜材料——保证计量泵能输送各类化学物料：Milton Roy 计量泵可提供 PP、PVC、PVDF、316L 不锈钢、Alloy20 合金、哈氏合金及铸铁等各类材料的泵头及 PTFE/复合橡胶、Teflon/复合橡胶、不锈钢及合金等多种材料隔膜，满足不同工艺过程要求。

　　（4）高精度单向止回阀系统——保证计量泵的恒定高精度：Milton Roy 计量泵的出、入口分别装有高精度的单向止回阀，阀体具有独特的导向设计。

　　（5）隔膜检漏报警技术——保证输送危险性物料过程的安全：Milton Roy 计量泵采用双隔膜技术及"三明治"式三隔膜技术，使偶然发生的隔膜破损情况能迅速检测，并给出报警信号，从而避免危险物料的可能泄漏。

　　（6）液压隔膜计量泵内置压力释放阀——计量泵的自我保

护装置：在管路偶然关闭或意外堵塞的情况下，液压隔膜计量泵的内置压力释放阀会自动打开，将液压油旁路回泵体油池中，从而避免过压损坏隔膜及其他部件。

电机驱动式的 Milton Roy 计量泵主要有 Maxroyal 系列隔膜泵，见表6-4，Maxroyal 系列柱塞泵，见表6-5，Primeroyal 系列隔膜泵，见表6-6，Primeroyal 系列柱塞泵，见表6-7。下面将这四种泵的特点、流量和压力分别介绍如下。

表 6-4　Maxroyal 系列高性能隔膜泵流量/压力表

$(0 \sim 10262 L/h, \ 0 \sim 207 MPa)$

柱塞直径 /mm	冲次 /次·min^{-1}	出口流量 /L·h^{-1}	出口压力 /MPa	出口连接
25	36	80	30	1/2″英国标准管阳螺纹
	140	314		
32	140	513	24.8	1″英国标准管阳螺纹
40	140	801	15.9	
50	140	1252	10.1	1~1/2″英国标准管阳螺纹
55	140	1515	8.4	
63	140	1988	6.4	
70	140	2455	5.0	
90	112	3247	3.1	
125	112	6263	1.6	3″法兰 300 磅
145	112	8429	1.2	
160	112	10262	1.0	

表 6-5　Maxroyal 系列高性能柱塞泵流量/压力表

$(0 \sim 10430 L/h, \ 0 \sim 207 MPa)$

柱塞直径 /mm	冲次 /次·min^{-1}	隔膜材料	出口流量 /L·h^{-1}	出口压力 /MPa
23.88	46~140	316 SS	38~114	69
25.40	140~400	316 SS	212~424	69

柱塞直径 /mm	冲 次 /次·min^{-1}	隔膜材料	出口流量 /L·h^{-1}	出口压力 /MPa
25.40	46~140	PTFE/VITON	95~303	30
31.75	46~140	PTFE/VITON	159~496	24.8
25.40	46~175	316 SS	75~303	25.3
31.75	46~175	316 SS	159~598	25.3
38.10	46~175	316 SS	378~935	14.5
50.80	46~175	316 SS	587~1465	9.3
63.50	46~175	316 SS	662~2472	6.2
69.85	46~175	316 SS	757~2869	5.2
88.90	46~175	316 SS	1249~4739	3.1
125~160mm	36~112	PTFE/复合橡胶	2045~10430	1.6

表 6-6　Primeroyal 系列高性能隔膜泵流量/压力表

(0~13056L/h, 0~30MPa)

柱塞直径 /mm	冲 次 /次·min^{-1}	出口流量 /L·h^{-1}	出 口 压 力/MPa						
			11kW	15kW	18.5kW	22kW	30kW	37kW	45kW
32	120	413	23.1	30.0					
	144	495	19.2	26.2	30.0				
	168	578	16.5	22.5	27.7	30.0			
	192	660	14.4	19.7	24.3	28.8	30.0		
40	120	645	14.8	20.1	24.8	30.0			
	144	774	12.3	16.8	20.7	24.6	30.0		
	168	903	10.5	14.4	17.7	21.1	28.8	30.0	
	192	1032	9.2	12.6	15.5	18.5	25.2	30.0	
50	120	1007	9.5	12.9	15.9	18.9	21.5		
	144	1209	7.9	10.7	13.2	15.8	21.5		
	168	1410	6.8	9.2	11.4	13.5	18.4	21.5	
	192	1612	5.9	8.1	9.9	11.8	16.1	19.9	21.5

柱塞直径/mm	冲次/次·min⁻¹	出口流量/L·h⁻¹	出口压力/MPa						
			11kW	15kW	18.5kW	22kW	30kW	37kW	45kW
55	120	1219	7.8	10.7	13.1	15.6	17.8		
	144	1463	6.5	8.9	10.9	13.0	17.8		
	168	1707	5.6	7.6	9.4	11.2	15.2	17.8	
	192	1950	4.9	6.7	8.2	9.8	13.3	16.4	17.8
63	120	1599	6.0	8.1	10.0	11.9	13.5		
	144	1919	5.0	6.8	8.3	9.9	13.5		
	168	2539	4.3	5.8	7.2	8.5	11.6	13.5	
70	120	1975	4.8	6.6	8.1	9.6	11.0		
	144	2369	4.0	5.5	6.8	8.0	11.0		
	168	2764	3.4	4.7	5.8	6.9	9.4	11.0	
80	120	2579	3.7	5.0	6.2	7.4	8.4		
	144	3095	3.1	4.2	5.2	6.2	8.4		
	168	3611	2.6	3.6	4.4	5.3	7.2	8.4	
90	120	3264	2.9	4.0	4.9	5.8	6.6		
	144	3917	2.4	3.3	4.1	4.9	6.6		
125	96	5037	1.8						
	120	6296	1.5	1.8					
	144	7556	1.3	1.7	1.8				
145	96	6778	1.4	1.8					
	120	8472	1.1	1.5	1.8				
	144	10167	0.9	1.3	1.6	1.8			
160	96	8253	1.2	1.6	1.8				
	120	10316	0.9	1.3	1.6	1.8			
	144	12379	0.8	1.0	1.3	1.5	1.8		
180	96	10445	0.9	1.2	1.5	1.7			
	120	13056	0.7	1.0	1.2	1.5	1.7		

表 6-7 Primeroyal 系列高性能柱塞泵流量/压力表

(0 ~ 16118L/h, 0 ~ 51.5MPa)

柱塞直径 /mm	冲 次 /次·min⁻¹	出口流量 /L·h⁻¹	出 口 压 力/MPa						
			11kW	15kW	18.5kW	22kW	30kW	37kW	45kW
32	120	413	224	30.8	38.1	44.5	51.5		
	144	495	18.5	25.5	31.7	37.8	51.5		
	168	578	15.8	21.8	27.0	32.3	44.5	51.5	
	192	660	13.7	19.0	23.6	28.2	38.6	47.8	51.5
40	120	645	14.2	19.6	24.3	29.0	33.0		
	144	774	11.8	16.2	20.1	24.1	33.0		
	168	903	10.0	13.8	17.2	20.5	28.2	33.0	
	192	1032	8.7	12.0	15.0	17.9	24.6	30.5	33.0
50	120	1007	9.0	12.4	15.5	18.5	21.0		
	144	1209	7.4	10.3	12.8	15.3	21.0		
	168	1410	6.3	8.8	10.9	13.1	18.0	210	
	192	1612	5.5	7.6	9.5	11.4	15.7	194	210
55	120	1219	7.4	10.3	12.7	15.2	17.4		
	144	1463	6.1	8.5	10.5	12.6	17.4		
	168	1707	5.2	7.2	9.0	10.8	14.8	17.4	
	192	1950	4.5	6.3	7.8	9.4	12.9	16.0	17.4
63	120	1599	5.6	7.8	9.7	11.6	13.2		
	144	1919	4.6	6.4	8.0	9.6	13.2		
	168	2239	3.9	5.4	6.8	8.2	11.8	13.2	
70	120	1975	4.5	6.3	7.8	9.3	10.6		
	144	2369	3.7	5.2	6.4	7.7	10.6		
	168	2764	3.1	4.4	5.5	6.6	9.1	10.6	
80	120	2579	3.4	4.8	5.9	7.1	8.1		
	144	3095	2.8	3.9	4.9	5.9	8.1		
	168	3611	2.4	3.3	4.2	5.0	6.9	8.1	

柱塞直径 /mm	冲次 /次·min⁻¹	出口流量 /L·h⁻¹	出口压力/MPa						
			11kW	15kW	18.5kW	22kW	30kW	37kW	45kW
90	120	3264	2.7	3.7	4.7	5.6	6.4		
	144	3917	2.2	3.1	3.8	4.6	6.4		
100	96	3224	2.7	3.8	4.7	5.1			
	120	4030	2.1	3.0	3.8	4.5	5.1		
	144	4836	1.7	2.5	3.1	3.7	5.1		
125	96	5037	1.7	2.4	3.0	3.2			
	120	6296	1.3	1.9	2.4	2.8	3.2		
	144	7556	1.1	1.5	1.9	2.3	3.2		
145	96	6778	1.3	1.8	2.2	2.4			
	120	8472	1.0	1.4	1.7	2.4			
	144	10167	0.8	1.1	1.4	1.7	2.4		
170	96	9316	0.9	1.3	1.6	1.7			
	120	11646	0.7	1.0	1.2	1.5	1.7		
	144	13975	0.6	0.8	1.0	1.2	1.7		
200	96	12895	0.6	0.9	1.1	1.2			
	120	16118	0.5	0.7	0.9	1.1	1.2		

Maxroyal 系列隔膜（柱塞）计量泵：属于高压高流量液压驱动隔膜（柱塞）泵，最大流量 50m³/h，最高压力 207MPa，最高精度 0.5%。平缓脉动设计的高性能隔膜（柱塞）泵头，泵头材料选用铸铁或 316L 不锈钢；高性能隔膜泵头无需隔膜护盘。选用的 PTFE 复合材料隔膜，防腐性能更佳，使用更耐久。高精度进、出口单向止回阀。隔膜泵头内置可调压力释放阀。可单台工作，也可多台并联工作。可手动、电动、变频、气动调节流量，在泵运行或停止状态均可调节流量，调节比为 100∶1，精度 ±1%。

Primeroyal 系列电机驱动液压隔膜（柱塞）计量泵：属于振幅调

节、平缓脉动液压驱动隔膜(柱塞)泵。独特的双偏心机构,高精度进、出口止回阀,内置可调压力止回阀。高性能隔膜(柱塞)泵头,泵头材料选用 PVC、316 SS、合金 20、哈氏合金。高性能隔膜泵头无需隔膜护盘,使用 PTFE 复合材料隔膜,防腐性能更佳,使用更耐久。可单台工作,也可多台并联工作。可手动、电动、变频、气动调节流量,调节比为 100∶1,精度约为 1% 。

6.4 钛及钛合金材料

锌精矿的加压酸浸是在加温、加压、稀硫酸介质、纯氧气氛和精矿机械磨损的苛刻条件下进行,对材料的要求高,钛材是首选,下面对钛及合金材料作简要介绍。

6.4.1 钛及钛合金的性质和用途

由于钛的密度轻、比强高、无磁性、较易加工成型,钛及钛合金对多数酸、碱、盐溶液具有优良的耐蚀性,在腐蚀性介质中, 如氯离子存在时,其耐蚀性更明显高于钢 (含不锈钢),又如在海水中其耐蚀性几乎可与铂媲美。因此,硫化锌精矿加压浸出过程中对设备要求的特殊性,决定了钛及其合金作为加压釜内衬、管道、阀门、搅拌桨、搅拌轴、换热器、加压泵过流部件都具有优良的物理、化学特性。熟悉钛及其钛合金应用方面的知识, 是加压浸出技术工程化的一个重要组成部分。

1795 年德国化学家 M. H. 克拉普鲁斯发现了钛元素,并命名为 Titanium。1940 年,卢森堡科学家 W. J. 克劳尔采用镁还原 $TiCl_4$ 制取海绵钛以来,镁法一直为生产海绵钛的主导工业生产法。1948 年美国利用这一技术制出了数吨海绵钛,开始了钛的工业规模生产。

钛在地壳中的储量很丰富,在地壳外层 16km 的范围内钛约占 0.6% ,仅次于氧、硅、铝、铁、钙、钠、钾和镁,居第九位。而在结构金属中仅次于铝、铁和镁,占第四位。钛矿主要有金红石和钛铁矿两种,按钛金属计,世界已发现钛的储量约 15 亿 t,约为铁储量的 1/4，铬的 20 倍，镍的 30 倍，铜的 60 倍，钼的 600 倍。我国钛矿储量按钛金属计约为 4.8 亿 t，多为钛铁矿。

钛的外观与钢相似，致密钛具有银白色光泽。有良好的延展性，容易进行机械压力加工。钛的熔点高（1668 ± 4℃）。高纯钛的硬度很小（小于 120 布氏硬度），但杂质含量会增加其硬度。钛及钛合金的优良性能是密度小（$\gamma = 4.51 \text{g/cm}^3$），密度比钢轻 43%，但其强度却高于一般结构钢，同时具有高的塑性和韧性。它的比强度更是明显地优于结构钢，而且无明显的塑性和脆性转变温度，即它在低温下同样具有高的韧性。此外，它还具有优良的高温力学性能。总之，钛及钛合金在室温、低温和高温下都具有优良的综合力学性能。同时资源丰富，所以有着广泛的应用前景。但目前钛及钛合金的加工条件复杂，成本较昂贵，在很大程度上限制了它们的应用。

钛按组织可分为三种类型：α 型钛——882.5℃ 以下为密排六方晶格；β 型钛——882.5℃ 以上为体立方晶格；α + β 型钛——882.5℃ 时发生同素异构转变。β 钛相变后体积增加 5.5%。

根据生产方法不同，纯钛分两种。碘法钛（化学纯钛）是高纯钛，用 TAD 表示，其纯度最高可达 99.5%，杂质含量较少，主要杂质有：O < 0.05%、N < 0.01%、Fe < 0.03%、Si < 0.03%、C < 0.03%、H < 0.015%，其他元素是微量的。工业纯钛的杂质含量比碘法钛稍高，根据其杂质含量不同，工业纯钛分为三个等级：牌号分别用 TA1、TA2、TA3 表示，其纯度随序号增大依次降低。

为了提高纯钛的某些性能，往往在纯钛中加入合金元素进行强化，制成钛合金。加入的合金元素主要有：Al、Sn、V、Cr、Mo、Fe、Si 等。合金元素的加入可在一定程度上提高钛合金的强度、耐热性、耐蚀性能。微量杂质可使钛的强度显著提高。

钛合金按成材方式可分为变形（加工）钛合金和铸造钛合金；按使用特点可分为结构钛合金（工作温度在 400℃ 以下）、热强钛合金（工作温度在 400℃ 以下）、耐蚀钛合金。目前使用较普遍的耐蚀钛合金是钛钯合金、钛镍合金、钛钼合金、钛钼镍合金等国内均有生产。

钛的最重要的和最稳定的化合物是二氧化钛（TiO_2）和四氯化钛（$TiCl_4$）。二氧化钛是处理含钛原料获得的重要产品之一，纯二氧化钛呈白色，不溶于水、弱酸和碱溶液中，在加热时能溶于浓的硫酸、盐酸、硝酸和氢氟酸中。

四氯化钛是一种白色透明的液体，熔点为 -23℃，沸点 136℃，密度为 1.727g/cm³，在潮湿空气中或遇水发生水解，生产钛酸和盐酸。产生蚀性白烟。

6.4.1.1 纯钛

A 钛的物理性能和力学性能

比强度高，钛的密度介于铝和铁之间，但比强度高于铝和铁。钛的弹性模量低，只有钢的1/2。工业纯钛的热导率比碳钢小3倍，与奥氏体不锈钢接近，膨胀系数小，比热容与奥氏体不锈钢相近。

纯钛的力学性能受杂质元素及其含量的影响很大。高纯钛（TAD）纯度高、杂质元素及其含量少、塑性很好、但强度太低，一般不作结构材料，化工设备常用的工业纯钛（TA1、TA2、TA3）杂质含量比碘法钛高，常见的杂质元素有：氧、氮、碳、氢、铁、硅，这些元素与钛形成间隙或置换固溶体，过量时形成脆性化合物，所以当钛的纯度降低时，强度升高，塑性则大大降低。为保证材料的塑性和韧性。在工业纯钛中一定要控制杂质元素的含量。

化学工业中常用的是工业纯钛，它的常温力学性能随其合金牌号不同，即合金杂质含量不同有一定变化。

常温时工业纯钛的屈服强度和抗拉强度接近，屈强比较大、弹性模量低。随温度升高，工业纯钛的抗拉强度和屈服强度急剧下降，在 250~300℃ 左右，抗拉强度和屈服强度均为常温时的一半。钛的塑性与温度有特殊关系，在常温至200℃左右，延伸率随温度的上升而提高，但大于200℃后，继续升温，延伸率反而下降，在 400~500℃ 时，延伸率降到最低值，随后又随温度升高而急剧上升。

工业纯钛在低温下抗拉强度和屈服强度几乎都比常温时提高，但延伸率在低温下降低严重。纯度高的工业纯钛无低温脆性现象，在低温下冲击韧性反而增高。因此 TA1 和 TAD 可在 -196℃ 下安全使用。工业纯钛在常温下也有蠕变现象。

B 纯钛的焊接性能

工业纯钛可以焊接，但钛的化学活性强，在 400℃ 以上的高温下，极易被空气、水分、油脂、氧化皮污染，以致降低焊接接头的塑性和韧性。

钛的熔化温度高、热容量大、电阻系数大、热导率比铝、铁低得多。因此，容易使焊缝过热，使晶粒变得粗大，焊缝塑性明显降低。

钛的纵向弹性模量比不锈钢小，约为不锈钢的 50%，在同样的焊接应力作用下，钛及钛合金的焊接变形量比不锈钢约大一倍。

由于氢气溶解度变化引起 β 相过饱和析出并由于焊接过程中的体积膨胀引起较大的内应力的作用而导致冷裂纹。焊缝有形成气孔的倾向，气孔是常见的缺陷，约占焊缝缺陷的 70% 以上。

C 纯钛的耐蚀性能

致密钛在空气中是极为稳定的，加热到 500~600℃ 时，由于表面为一层氧化物薄膜所覆盖而防止其进一步氧化。当温度高于 600℃ 时，氧化速度增大。粉状钛在不高的温度下便氧化，并易着火燃烧。

钛是热力学上很活泼的金属，其平衡电极电位为 -1.630V，热力学稳定性较低。金属钛对海水、工业腐蚀性气体、许多酸、碱都具有抗蚀能力。纯钛耐蚀，这是由于它有很强的自钝性，即在表面形成一层惰性、附着力强的氧化膜，主要依靠在介质中钝化特性耐蚀。钛钝化所需最低含水量为 0.01%~0.05%。例如，在 25℃ 海水中，其自腐电位约为 +0.09V，比铜在同一介质中的自腐电位还高。钛的钝化膜具有非常好的自愈能力。钛在溶液中的再钝化过程不到 0.1s。在 0.05mol/L 的硫酸中一天可形成13nm厚的膜，10 天可达33nm。一般说，表面膜越厚，耐蚀性越好，钛不仅可在含氧的溶液中保持稳定的钝性，而且在含有 Cl^- 的溶液中也保持钝性。

综上所述，钛是一个高钝性金属，它的可钝性超过铝、铬、镍和不锈钢。钛的钝化特点是：致钝电位负，临界钝化电流小。容易钝化又有很强的钝态稳定性。即使表面被划伤也很快自愈而恢复钝态。钝化电位区宽。氯离子难以破坏钛的钝态，因此耐蚀性优良。

但在高温下钛的化学活性很强，可与卤族元素、氧、硫、碳、氮、氢、水蒸气、一氧化碳、二氧化碳和氨发生强烈作用。

钛在各种无机酸中因酸的性质不同其耐腐蚀性差别较大。在氧化性的酸（如硝酸、铬酸）中具有优异的耐蚀性，在温度低于沸点的各种浓度的硝酸中腐蚀速度比较低，且随硝酸的温度升高而增加，因而广泛用于处理硝酸的系统；但是钛在发烟硝酸中会发生着火反应导致严重事故。

在还原性酸（如盐酸）中钛的腐蚀随温度和浓度升高而加大，例如，钛在稀盐酸（5% ~ 10%）中具有相当的稳定性。

钛在质量分数为 10% ~ 98% 的硫酸中不耐蚀，只能用于室温、质量分数为 5% 的溶氧硫酸中，当硫酸中存在少量的氧化剂和重金属离子（如 Fe^{3+}、Ti^{4+}、铬酸根等）时能显著提高钛的耐蚀性。钛在硫酸中的腐蚀率：浓度为 62% 硫酸（氯饱和），在室温条件下，年腐蚀厚度 0.0015mm；浓度为 10% 硫酸（氯饱和），在 190℃ 条件下，年腐蚀厚度 0.05mm；浓度为 20% 硫酸（氯饱和），在 190℃ 条件下，年腐蚀厚度 0.33mm；钛在磷酸中有中等耐蚀性。

钛在有机酸中的耐蚀性随有机酸的还原性和氧化性大小而有不同，例如钛在纯乙酸中，温度高至沸点，浓度达 99.5%，腐蚀仍很轻，但在含乙酐的浓乙酸中，钛的均匀腐蚀严重，具有点蚀。

钛在大多数碱溶液中具有良好的耐蚀性能，但在沸腾的 pH > 12 的碱溶液中，钛吸附氢可能导致氢脆。碱溶液中即使含游离氯，钛都具有良好耐蚀性，而含氨的碱溶液会引起钛的严重腐蚀。但与熔融碱能发生强烈作用，生成钛酸盐。

钛在大多数盐酸中，即使在高温和高浓度也很耐腐蚀，比不锈钢和某些镍基合金耐蚀。钛在有机化合物中显示很强的耐腐蚀性。钛极耐大气腐蚀。

钛能从含氢气的气氛中吸收氢。钛在电解质溶液中也会吸收氢。当氢含量超过钛的氢溶解极限时，会引起氢脆，并在应力作用下可能产生开裂。

钛的主要破坏形式是局部腐蚀。主要有缝隙腐蚀、小孔腐蚀、焊区择优腐蚀、氢脆、电偶腐蚀。钛在发烟硝酸、干氯气、液溴、固体结晶碘及纯氧气中还会发生着火和爆炸。

钛在自来水、河水中，即使温度高达 300℃，也具有优异的耐蚀性，在 120℃ 的海水中，也有很高的耐蚀性。钛在干氯气中能发生剧烈的反应生成 $TiCl_4$，并有着火危险。

钛易溶解于氢氟酸。

6.4.1.2   钛合金

A   钛合金的物理性能和力学性能

钛合金中由于含有各种元素，因而具有不同的性能特点。工业上将钛合金按组织状态分为 α 型、β 型、α + β 型三种。表6-8 列出了一些常用的钛合金及其组织状态。

表 6-8   常用的钛合金及其组织状态

α 型	β 型	α + β 型
Ti-0. 2Pd	Ti-32Mo	Ti$_2$Cu
Ti-2Ni	Ti-32Mo-2. 5Nb	Ti-15Mo
Ti-5Ta	Ti-15Mo-5Zr	
Ti-0. 3Mo-0. 8Ni	Ti-15Mo-0. 2Pd	
Ti-(2. 7 ~ 3. 3) Ni-(0. 9 ~ 1. 1) Mo	Ti-11. 5Mo-6Zr-4. 5Sn	
Ti-6Al-2Nb-1Ta-0. 8Mo	Ti-4Mo-1Nb-1Zr	

α型钛合金密度小，室温强度不高，组织稳定性好。在高温（500~600℃）下，热性能较其他钛合金好，且可以固熔强化。通过不同的退火工艺可以得到不同的显微组织，使之具有良好的综合性能。

β型钛合金有热力学稳定性β型和亚稳定β型钛合金两种。作为结构材料使用的是亚稳定β型钛合金，它可以固熔处理，塑性良好，易于加工成形，可热处理强化，但密度较大，弹性模量低，耐热性较低，冶炼工艺复杂，焊接性能较差，组织不够稳定，合金性能易出现波动。稳定β型钛合金具有强度较高的优点，抗拉强度较高，屈强比接近1，因此加工性能较差。

α+β型钛合金有较高的耐热性和良好的低温性能，综合性能好，加工成形性好。工业钛合金中，α+β型占主导地位。

B　钛合金的焊接性能

钛合金的焊接性能与成分和组织有关。α合金、近α合金具有良好的焊接性能。大多数β合金在退火或热处理状态下焊接，β相在20%以下的α+β钛合金具有一般的焊接性能。

C　耐蚀钛合金的性能

耐蚀钛合金在一定程度上克服了工业纯钛的弱点。

Ti-0.2Pd钛钯合金在氧化性和氧化性与还原性之间变动的介质中均具有优良的耐蚀性。在还原性介质中的耐蚀性明显优于工业纯钛。缝隙腐蚀性能比工业纯钛高。Ti-0.2Pd在充气条件下，合金的耐腐蚀性能提高，在无氧或其他氧化剂情况下耐腐蚀性明显下降，但可以通过在介质中添加缓蚀剂提高在还原性介质中的耐蚀性，且加入缓蚀剂的量与工业纯钛相比少得多。Ti-0.2Pd与纯钛相比，吸氢能力弱，不易产生氢脆现象。

钛钼合金在还原性介质（如硫酸、盐酸）中，耐蚀性特别优异，是较高温度下、中等浓度的盐酸和硫酸溶液的优良结构材料。耐蚀性随含钼量增大而增加。Ti-32Mo合金在强还原介质中的耐蚀性能比Ti-15Mo优良，Ti-35Mo合金的耐蚀性比Ti-32Mo更好。应当注意，Ti-32Mo在高温、高压还原性或饱和氢气氛介质中，曾经发生过氢脆。Ti-30Mo 在中等浓度的高温硫酸中，有严重的氢脆现象。在氧化性介质中，钛钼合金在高电位下有过钝化现象，因此钛钼合金耐氧化性介质腐蚀能力较差，不能用于强氧化性介质，在还原性介质中使用时，要注意氧化剂的影响。

Ti-0.8Ni-0.3Mo 钛钼合金耐蚀性介于工业纯钛和 Ti-Pd 合金之间。Ti-0.8Ni-0.3Mo 合金完全耐含氯介质的腐蚀。在某些氧化性介质中的耐腐蚀性能优于工业纯钛和 Ti-Pd 合金。在还原性无机酸中的耐腐蚀性比工业纯钛好，但比 Ti-Pd 合金差。在王水中的耐腐蚀性与 Ti-Pd 合金相近。在有机酸中的耐蚀性优于钛，而接近 Ti-Pd 合金。

6.4.1.3　钛及钛合金的应用

钛及钛合金具有良好的焊接、冷热压力加工和机械加工性能，可加工成各种型材、板材及管材供应。

钛是一种理想的结构材料，钛的密度不大，仅为 $4.5\mathrm{g/m^3}$，比钢轻43%，但钛的强度比铁高一倍，比纯铝几乎高5倍。具有低密度高强度性能。这种高的强度和不大的密度相结合，使得钛在技术上占有极重要的地位。同时钛的耐腐蚀性近乎或超过不锈钢，所以在石油、化工、农药、染料、造纸、轻工、航空、宇宙开发、海洋工程等方面都得到了广泛的应用。

钛的合金具有很高的比强度（强度和密度之比），钛合金已在航空、军工、造船、化工、冶金、机械、医疗等领域起着不可替代的作用。例如，钛与铝、铬、钒、钼、锰等元素组成的合金，经过热处理，强度极限可达 1176.8 ~ 1471MPa，比强度达 27 ~ 33，与它相同强度的合金钢，其比强度只有 15.5 ~ 19。钛合金不仅强度高，而且耐腐蚀，因此在船舶制造、化工机械和医疗器械方面都有广泛的应用。其中耐蚀性钛合金主要用于各种强腐蚀环境的反应器、塔器、高压釜、换热器、泵、阀、离心机、管道、管件、电解槽等。钛及钛合金在过程装备中的应用见表6-9。但由于钛及其合金的价格较高，限制了它们的应用。

表 6-9　钛及钛合金在过程装备中的应用

使用场合	用　　途	使用情况
油气钻采	英国使用了钛制钻采设备（在深 600m、262℃、含 5% H_2S 和 25% NaCl 中） 中国使用 Ti-6Al-4V 在天然气井口的阀板、阀座、阀杆（在高温及 60~70MPa 压力的 H_2S、CO_2 和水蒸气） 海上油气开采设备长期遭受腐蚀和应力腐蚀，国外广泛采用 Ti-6Al-4V 制作的石油平台支柱、绳索支架、海水循环、加压系统的高压泵、提升管及连接器等	长期使用，效果甚好
氯化烃生产	涉及到氯化反应：二氯甲烷精馏塔、三氯乙烷换热器、冷凝塔和分馏塔；三氯乙烯冷凝塔，过氯乙烯换热器和多氯化物盘管加热器 氯乙烯生产中冷却塔、废水冷凝塔和废水储罐的塔板支撑架、接管、法兰密封面，国内采用了 Ti-0.2Pd 作衬里	国外已用钛材制造 国内已用近 10 年未见腐蚀
苯酚生产	以炼油器中的丙烯和苯为原料生产苯酚，国外十几年前已用钛设备 用苯磺化碱溶液生产苯酚，国内已采用钛制中和反应釜、钛管冷却器和离子氮化钛的搅拌轴套	效果很好
乙烯氧化制乙醛 丙烯氧化制丙酮	国内第一套乙烯氧化制乙醛装置，20 世纪 80 年代以后上海、吉林引进国外乙烯氧化制乙醛成套设备，其中许多设备和泵、阀都用钛制造 丙烯氧化制丙酮（定型设计）、钛设备有 12 台	1976 年至今，钛设备运行良好，使用效果十分满意
对二甲苯氧化法制取对苯二甲酸	存在乙酸和溴化物的高温腐蚀，设计规定高于 135℃，必须用钛。北京石化总厂和南京扬子石化引进全套钛设备（氯化反应釜、溶剂脱水塔、加热器、冷却器、再沸器等）	使用效果良好

使用场合	用　　途	使用情况
纯　碱（碳酸钠）生产	纯碱工业中有吸附器、分离器、冷却器等十余台钛设备。大连化工厂和天津碱厂等都采用了全钛冷却器	寿命 20 年以上
氮肥生产	1963 年第一台衬钛尿素合成塔到目前已有近万台在全世界运行。国内从 20 世纪 70 年代以来先后使用了 CO_2 冷凝塔换热器、混合器、泵、阀等	经多年使用证明是耐蚀的
钛白粉生产	无锡精炼厂使用一台钛列管浓缩器，原化工部已鉴定	确认选用钛材合理

下面介绍几种常用的钛及钛合金的应用：

（1）碘法钛，牌号 TAD，是以碘化法所获得的高纯度钛，故称碘法钛，或称化学纯钛。但是，其中仍含有氧、氮、碳这类间隙杂质元素，它们对纯钛的力学性能影响很大。随着钛的纯度提高，钛的强度、硬度明显下降；故其特点是：化学稳定性好，但强度很低。

由于高纯度钛的强度较低，因此它作为结构材料应用意义不大，故在工业中很少使用。目前在工业中广泛使用的是工业纯钛和钛合金。

（2）工业纯钛，与化学纯钛不同之处是，工业纯钛含有较多量的氧、氮、碳及多种其他杂质元素（如铁、硅等），它实质上是一种低合金含量的钛合金。与化学纯钛相比，由于含有较多的杂质元素，其强度大大提高，它的力学性能和化学性能与不锈钢相似（但和钛合金相比强度仍然较低）。

工业纯钛的特点是：强度不高，但塑性好，易于加工成形、冲压、焊接、可切削加工性能良好；在大气、海水、湿氯气及氧化性、中性、弱还原性介质中具有良好的耐蚀性，抗氧化性优于大多数奥氏体不锈钢；但耐热性较差，使用温度不宜太高。

工业纯钛按其杂质含量的不同，分为 TA1、TA2、TA3 三个牌号。这三种工业纯钛的间隙杂质元素是逐渐增加的，故其机械强度和硬度也随之逐级增加，但塑性、韧性相应下降。

工业上常用的工业纯钛是 TA2，因其耐蚀性能和综合力学性能适中。对耐磨和强度要求较高时可选用 TA3。对要求较好的成形性能时可选用 TA1。

工业纯钛主要用于工作温度 350℃ 以下，受力不大，但要求塑性好的冲压件和耐蚀结构零件，例如：飞机的骨架、蒙皮、发动机附件；船舶用耐海水腐蚀的管道、阀门、泵及水翼、海水淡化系统零部件；化工上的热交换器、泵体、蒸馏塔、冷却器、搅拌器、三通、叶轮、紧固件、离子泵、压缩机气阀以及柴油发动机活塞、连杆、叶簧等。

（3）α 型钛合金，牌号 TA4、TA5、TA6、TA7。这类合金在室温和使用温度下呈 α 型单相状态，不能热处理强化（退火是唯一的热处理形式），主要依靠固溶强化。室温强度一般低于 β 型和 α + β 型钛合金（但高于工业纯钛），而在高温（500 ~ 600℃）下的强度和蠕变强度却是三类钛合金中最高的；且组织稳定、抗氧化性和焊接性能好，耐蚀性和可切削加工性能也较好，但塑性低（热塑性仍然良好），室温冲压性能差。其中使用最广的是 TA7，它在退火状态下具有中高强度和足够的塑性，焊接性良好，可在 500℃ 以下使用；当其间隙杂质元素（氧、氢、氮等）含量极低时，在超低温时还具有良好的韧性和综合力学性能，是优良的超低温合金之一。

TA4 的抗拉强度比工业纯钛稍高，可做中等强度范围的结构材料。国内主要用作焊丝。

TA5、TA6 用于 400℃ 以下在腐蚀介质中工作的零件及焊接件，如飞机蒙皮、骨架零件、压气机壳体、叶片、船舶零件等。

TA7 用于 500℃ 以下长期工作的结构件和各种模锻件，短时使用可到 900℃。亦可用于超低温（−253℃）部件（如超低温用的容器）。

（4）β 型钛合金，牌号 TB2。这类合金的主要合金元素是钼、铬、钒等 β 相稳定化元素，在正火和淬火时很容易将高温 β 相保留到室温，获得较稳定的 β 相组织，故称 β 型钛合金。

β 型钛合金可热处理强化，有较高的强度，焊接性能和压力加工性能良好；但性能不够稳定，熔炼工艺复杂，故应用不如 α 型及 α + β 型钛合金广泛。

可用于 350℃ 以下工作的零件，主要用于制造各种整体热处理（固溶、时效）的板材冲压件和焊接件；如压气机叶片、轮盘、轴类等重载荷旋转件以及飞机的构件等。

TB2 合金一般在固溶处理状态下交货，在固溶、时效后使用。

（5） α + β 型钛合金，常用的牌号 TC6、TC9、TC10，这类合金在室温呈 α + β 型两相组织，因而得名 α + β 型钛合金。它具有良好的综合力学性能，大多可热处理强化（但 TC1、TC2、TC7 不能热处理强化），锻造、冲压及焊接性能均较好，可切削加工、室温强度高，150 ~ 500℃ 以下具有较高的耐热性，有的（如 TC1、TC2、TC3、TC4）还具有良好的低温韧性和良好的抗海水应力腐蚀及抗热盐应力腐蚀能力；缺点是组织不够稳定。

这类合金以 TC4 应用最为广泛，用量约占现有钛合金生产量的一半。该合金不仅具有良好的室温、高温和低温力学性能，且在多种介质中具有优良的耐蚀性，同时可焊接、冷热成形，并可通过热处理强化；因而在宇航、船舰以及化工等工业部门均获得广泛应用。

TC1、TC2 可用于 400℃ 以下工作的冲压件、焊接件以及模锻件和弯曲加工的各种零件。这两种合金还可以用作低温结构材料。

TC3、TC4 可用作 400℃ 以下长期工作的零件、结构用的模件、各种容器、泵、低温部件、船舰耐压壳体、坦克履带等。强度比 TC1、TC2 高。

TC6 可在 400℃ 以下使用，主要用作飞机发动机结构材料。TC9 可用于制造在 560℃ 以下长期工作的零件，主要用在飞机喷气发动机的压气机盘和叶片上。

TC10 可用于制造在 450℃ 以下长期工作的零件，如飞机结构零件、起落架、蜂窝连接构件、导弹发动机外壳、武器结构件等。

6.4.2 钛化合物的应用

钛与氧、氮的亲和力非常强，因此在炼钢中可用钛制作脱氧剂以提高钢的质量。钛也可与硫生成稳定的硫化物，故也有脱硫作用。更重要的是锰钢、铬钢、铬钼钢中都含有钛。可以说钛是生产优质合金钢不可缺少的元素。钛也可加入铜及铜合金、铝合金中以改善这些金属和合金的物理性能、机械性能和抗腐蚀性能。含钛 6% ~12% 和铜-钛合金可作铜中的脱氧剂。

钛的碳化物不但熔点高，而且硬度大，是制造钨-钛硬质合金的主要成分。火箭发动机、燃气轮机所使用的抗氧化和耐热合金中也有碳化钛。

钛的重要化合物二氧化钛用途十分广泛。用于颜料工业的 TiO_2 称为"钛白"，它是钛工业中产量最大、用途最广的一种产品。世界上每年生产钛矿的绝大部分都用于生产钛白。钛白的物理化学性能稳定，而且无毒。钛白与其他颜料相比具有折光指数高、着色力强、遮盖力大、光泽好、分散性好等许多优点。涂料工业是钛白最重要的消费部门，目前世界上约 60% 的钛白用于油漆、油墨生产中。造纸工业上钛白是各种特殊纸张的重要填料，这种加过钛白的纸张薄而不透明，使之白度高、光泽好、强度大、光滑和性能稳定。在橡胶工业、塑料工业、化纤工业上钛白都是不可缺少的添加物，由于它的加入使产品的质量、性能大大提高。工业纯的 TiO_2 或天然的 TiO_2（金红石）是制造电焊条不可缺少的涂料。

6.4.3 钛及钛合金的选用

选用钛及钛合金的重要原则之一就是要保证它的特性能得到

充分发挥，使之制造的生产设备在性能上先进，使用寿命长和经济合理。例如：采用钛或钛合金管制造的冷凝器因钛合金的耐蚀性高，而且几乎不形成水垢，实测钛管的清洁因素可达 0.9 以上，因此使用钛合金制造的冷凝器使用寿命长，使用效率可保持不变。钛合金的缺点是传热系数较低，仅为铜合金的几分之一。但是由于钛合金的弹性模量和比强度较铜合金要高，故可提高导热能力，同时可以加大管径，从而增大了介质的流速和流量，足以补偿其热导率低而损失的冷却能力。钛合金的价格较高，但其用量只有原铜管的几分之一。因此，从设备的使用寿命，使用效率和技术管理等诸方面综合分析，采用钛合金制造冷凝器和换热器还是合理的。

从金属单位质量的价格比较，钛材一般是普通钢材的 50 ~ 70 倍，是不锈钢的 5 ~ 8 倍。从金属单位体积的价格来比较，是普通钢材的 30 ~ 40 倍，是不锈钢的 3 ~ 5 倍。但是由于钛材耐蚀性更优，强度较高，所用钛材的壁厚可以较薄，因而材料的体积用量较少，如电站冷凝器列管。不锈钢制作的壁厚 2.5 ~ 2mm，铜镍合金制作的壁厚 1.5 ~ 2.5mm，用钛制作的壁厚 0.5 ~ 0.8mm。

6.5　制氧技术

6.5.1　氧气的用途

氧是地球上一切有生命的机体赖以生存的物质。它是容易与其他物质发生化学反应而生成氧化物，在氧化反应过程中会产生大量热量。因此，氧作为氧化剂和助燃剂在冶金、化工、能源、机械、国防工业等部门得到广泛应用。

（1）冶金工业：转炉炼钢车间利用吹入高纯氧气，使铁中碳及磷、硫、硅等杂质氧化，氧化产生的热量足以维持炼钢过程所需的温度。纯氧（大于 99.2%）吹炼大大缩短了冶炼时间，并且提高了钢的质量。电炉炼钢时吹氧可以加速炉料熔化和杂质氧化，节约电能消耗。高炉炼铁采用富氧鼓风可以加大粉煤的喷吹量，节约焦炭，降低燃料比。虽然富氧的纯度不高（含氧24%~25%），但是由于鼓风炉量很大，氧气消耗量也相当可观，接近炼钢用氧的1/3。

重有色金属的火法冶炼中，除靠硫和铁氧化放热外，还需靠燃料燃烧提供热量。为了强化冶炼过程，降低能耗，减少有害烟气量，采用富氧代替空气进行熔炼，同时可提高设备的生产能力。氧浓度在35%~90%。对年产3600t/a铜的闪速炉，需配置生产能力为1500m³/h、氧纯度为95%的制氧机。

在硫化锌精矿的加压浸出湿法冶炼中，氧是参与氧化浸出过程的主要成分，氧气的消耗量随着硫化锌精矿的成分不同而变化，但处理1t精矿的一般耗氧量为250~300kg（折合标态下175~210m³）。试验研究表明，硫化锌精矿的加压浸出所用氧的纯度最好在90%以上，如果纯度太低，在保证氧分压的前提下，将增加釜内的总压力。但实际上在国内外目前投入工业化的六个采用硫化锌精矿加压酸浸工艺的企业所用的氧都是纯氧。

（2）化学工业：在合成氨的生产化肥过程中，除氮是主要原料气外，氧气用于重油的高温裂化、煤粉的气化等工序，以强化工艺过程，提高化肥产量。此外，在天然气重整生产甲醇、乙烯、丙烯氧化生产其氧化物，脱硫及回收时，也需要消耗大量氧气。

（3）能源工业：在煤加压气化时，为了保护炉内氧化层的温度，必须供给足够的氧气。氧气纯度不低于95%，每千克煤的氧气消耗量随煤种、煤质不同而变化。对褐煤，在0.14~0.18m³/kg的范围；对烟煤为0.17~0.22m³/kg的范围。对煤气化联合循环发电装置，1kW约需氧气5.6 m³。

（4）机械工业：主要用于金属切割和焊接。氧气作为乙炔的助燃剂，以产生高温火焰，使金属熔化。

（5）国防工业：液氧常作为火箭的助燃剂。可燃物质浸泡液氧后具有强烈的爆炸性，可制作液氧炸药。

此外，在医疗部门，氧气也是病人急救和辅助治疗不可缺少的物质。因此，氧气生产已是国民经济中不可缺少的重要环节。

6.5.2　氧气的制备

空气是制备氧气最廉价的原料，标准状态下（标准大气压101.3kPa、0℃）干燥、清洁空气的各主要成分的体积浓度、质量见表6-10。标准状态的空气密度1.293kg/m³，沸点168.05K，其中各主要成分的液化温度、标准状态的气体密度、液态密度见表6-11。

表 6-10　标准状态下干燥、清洁空气的
各主要成分的体积浓度、质量

成　分	主要成分			杂　质	
	氮	氧	氩	CO_2	乙炔
体积浓度 /%	78.03	20.93	0.932	$305 \times 10^{-6} \sim$ 458×10^{-6}	$0.01 \times 10^{-6} \sim$ 0.1×10^{-6}
在空气中的含量 /g·m⁻³	975	299	16.6	$0.6 \times 10^{-6} \sim$ 0.9×10^{-6}	

成　分	稀　有　气　体			
	氖	氦	氪	氙
体积浓度 /%	$15 \times 10^{-6} \sim$ 18×10^{-6}	$4.6 \times 10^{-6} \sim$ 5.3×10^{-6}	1.08×10^{-6}	0.08×10^{-6}
在空气中的含量 /g·m⁻³				

表 6-11　空气中各主要成分的液化温度、标准状态
的气体密度、液态密度

性　质	氮	氧	氩	CO_2	乙炔	氖	氦	氪	氙
液化温度/K	77	90	87.45			27.26	4.21	120.25	171.35
气态密度/kg·m⁻³	1.251	1.429	1.783	1.964	1.161	0.8713	0.1769	3.741	5.861
液态密度/t·m⁻³	0.81	1.14	1.4						

空气中的主要成分是氧和氮，它们分别以分子状态存在。分子是保持它原有性质的最小颗粒，直径的数量级 $10^{-4}\mu m$，而分子的数目非常多，并且不停地在做无规则运动，因此，空气中的氮、氧、氩等分子是均匀地相互掺混在一起的。目前，将氮和氧分离的方法主要有三种。

（1）深冷-精馏法：先将空气通过压缩、膨胀降温，直至空气液化，再利用氧、氮的气化温度（沸点）不同（标准大气压下氧的沸点为 90K，氮的沸点为 77K），沸点低的氮相对于氧要容易气化这个特性，在精馏塔内让温度较高的蒸气与温度较低的液体不断相互接触，液体中的氮较多地蒸发，气体中的氧较多地冷凝，使上升蒸气中的含氮量不断提高，下流液体中的含氧量不断增大，以此实现将空气分离。要将空气液化，需将空气冷却到 100K 以下的温度，这种制冷叫深度冷冻；而利用沸点差将液态空气分离的过程称精馏过程。由于深冷-精馏法分离空气具有氧气纯度高（含氧量不低于 99.5%）、可回收氮气等副产品，经过其他配套流程，还可分离出稀有气体。该法是目前应用最为广泛的空气分离方法。

（2）吸附法：它是让空气通过充填有某种多孔性物质——分子筛的吸附塔，利用分子筛对不同的分子具有选择性吸附的特点，有的分子筛（如 5A、13X 等）对氮具有较强的吸附性能，让氧分子通过，因而可得到纯度较高的氧气；有的分子筛（碳分子筛等）对氧具有较强的吸附性能，让氮分子通过，因而可得到纯度较高的氮气。由于吸附剂的吸附容量有限，当吸附某种分子达到饱和时，就没有继续吸附的能力，需要将被吸附的物质解吸，才能恢复吸附能力。因此，为了保持连续供气，需要有两个以上的吸附塔交替使用。再生的方法可采用加热提高温度的方法（TSA），或降低压力的方法（PSA）。这种方法流程简单，操作方便，运行成本较低，但无法获得高纯度的氧气产品，最高纯度 93%。并且不能回收其他成分。硫化锌精矿的试验已经证明，93% 的氧气纯度可以满足浸出的需要。由于该工艺的启动和停机比深冷-精馏法方便，作为加压浸出工艺的辅助配套工艺显示了良好的应用前景。

（3）膜分离法：它是利用一些有机聚合膜的渗透选择性，当空气通过薄膜（0.1μm）或中空纤维膜时，氧气的穿透过薄膜的速度约为氮的 4 ~ 5 倍，从而实现氧、氮分离。这种方法装置简单，操作方便，启动快，投资省，但富氧浓度一般适宜在28% ~ 35%。不能满足硫化锌精矿加压浸出的需要。

本节主要对深冷-精馏分离法和变压吸附法作简要介绍。

6.5.2.1　深冷-精馏分离法

深冷-精馏分离制氧工艺流程如图 6-31 所示。深冷法制氧，首先要将空气液化，再根据氧、氮沸点不同将它们分离开来。空气液化必须将温度降到 –140.6℃以下。一般空气分离是在 –172 ~ –194℃的温度范围进行的。因此，用于深冷法制氧的设备具有以下一些特点。

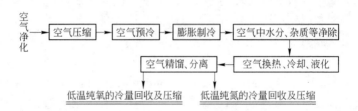

图 6-31　深冷-精馏分离制氧工艺流程

低温换热气、精馏塔等低温容器及管道置于保冷箱内，并充填有热导率低的绝热材料，防止从周围传入热量，减少冷损，否则设备无法运行；用于制造低温设备的材料，要求在低温下有足够的强度和韧性，以及有良好的焊接、加工性能。常用铝合金、铜合金、不锈钢等材料；空气中高沸点的杂质，例如水分、二氧化碳等，应在常温时预先清除，否则会堵塞设备内的通道，使装置无法工作；空气中的乙炔和碳氢化合物进入空分塔内，积聚到一定程度，会影响安全运行，甚至发生爆炸事故。因此必须设置净化设备将其清除；贮存低温液体的密封容器，当外界有热量传入时，会有部分低温液体吸热而气化，压力会自动升高。为防止超压，必须设置可靠的安全装置；低温液体漏入基础，会将基础冻裂，设备倾斜。因此必须保证设备、管道和阀门的密封性，要考虑热胀冷缩可能产生的应力和变形；被液氧浸渍过的木材、焦炭等多孔的有机物质，当接触火源或给一定的冲击力时，会发生激烈的燃爆。因此冷箱内不允许有多孔的有机物质。对液氧的排放，应预先考虑有专门的液氧排放管路和容器，不能从地沟排放；低温液体长期冲击碳素钢板，会使钢板脆裂。因此，排放低温液体的管道及排放槽不能采用碳素钢制品；氮气、氩气是窒息性气体，其液体排放应引至室外。气体排放管应有一定的排放高度，排放口不能朝向平台楼梯；氧气是强烈的助燃剂，其排放管不能直接排在不通风的厂房内。

A　空气净化系统

空气中除含氧、氮外，还有少量的水蒸气、二氧化碳、乙炔和其他碳氢化合物等气体，以及少量的灰尘等固体杂质。每立方米空气中的水蒸气含量约为 4~40g（随地区和气候而异）、二氧化碳的含量约为 0.6~0.9g，乙炔含量约为 0.01~0.1mL，灰尘等固体杂质的含量一般为 0.005~0.15g，冶金工厂附近含量可达 0.6~0.9g。这些杂质在每立方米空气中的含量虽然不大，但由于大型空分设备每小时加工空气量都在几万甚至十几万立方米，因此每小时带入空分设备的总量很大。这些杂质对空分设备都是有害的。随空气冷却，被冻结下来的水分和二氧化碳沉积在低温换热器、透平膨胀机或精馏塔里就会堵塞通道、管路和阀门；乙炔集聚在液氧中有爆炸的危险；灰尘会磨损运转机械，为了保证空分设备长期安全可靠地运行，必须设置净化系统，清除这些杂质。

链带式油浸空气过滤器是利用过滤网上形成的油膜粘附空气中的灰尘，过滤网回转到下部的油槽中，把所黏附的灰尘清洗掉，从而达到净化空气的目的。干带过滤器由电机驱动，带动干带（一种尼龙丝织成的毛绒状制品）转动，空气通过干带时，灰尘被滤掉。干带上黏附灰尘累积到一定程度时，电机转动把集满灰尘的干带卷起来，同时把一段清洁的干带展开。这种过滤器效率很高，达97%以上，而且过滤后空气中不含油。袋式过滤器是使空气经过滤袋把灰尘积聚在袋上，当灰尘在滤袋上积聚到使压差达到某一值时（如1kPa），自动吹入反吹空气，把带上的灰尘吹落，积存在下面的灰斗中并定期清除。滤袋是由羊毛毡与人造纤维织成，袋的尺寸和数量取决于空气量的大小。这种过滤器效率也很高，在98%以上，过滤后空气中不含油，可自动控制，操作方便。但空气湿度大的地区或季节，滤袋容易堵塞。

脉冲反吹自洁式空气过滤器的净气室出口与空压机入口连接，在负压的作用下，从大气中吸入加工空气。空气经过滤筒，灰尘被滤料阻挡。过滤器对 $2\mu m$ 粒子过滤效率大于98%，自动反吹清扫灰尘，达到自洁。

清除空气中的水分、二氧化碳和乙炔的方法最常用的是吸附法和冻结法。吸附法是用硅胶或分子筛等作吸附剂，把空气中所含的水分、二氧化碳和乙炔，以及液空、液氧中的乙炔等杂质分离出来，浓聚在吸附剂的表面上，加温再生时再把它们解吸，从而达到净化的目的。例如干燥器、二氧化碳吸附器、液空吸附器、液氧吸附器。

冻结法就是空气流经蓄冷器或切换式换热器时把其中所含的水分和二氧化碳冻结下来，然后被干燥的返流气体带出装置。

B　空气压缩系统

在空分装置中要实现氧氮分离，首先要使空气液化，这就必须设法将空气温度降至液化温度。空分塔下塔的绝对压力在0.6MPa左右，在该压力下，空气开始液化的温度约为 -172℃。空分设备中是靠膨胀后的低温空气来冷却正流压力空气的。空气要通过膨胀降温，首先就要进行压缩。净化后的空气通过压缩机压缩后，空气压力提高，同时气体的温度也会升高。因此，为了减少压缩机的耗能量，在压缩过程中应尽可能充分地进行冷却，一般设置有中间冷却器或气缸冷却水套。用冷却水进行冷却。压缩机的每一级排气温度是随该级压力比的增加而升高，为了降低排气温度，通常采用多级压缩，则每一级的压力比可以减小，而且可以在级间进行冷却，使每一级的吸气温度降低，这样压缩终了气体排气温度便会大大降低。另外，实施级间冷却，可节省功率消耗，提高汽缸容积利用率。压缩机采用多级压缩，级数的确定一般应综合考虑每一级的压缩温度在允许的范围之内；压缩机的总功耗最少；机器结构尽量简单，易于制造；运转可靠。

C 空气预冷系统

空分设备希望压缩空气进装置时的温度尽可能低，以降低空气中的饱和水含量和主换热器的热负荷等。而空压机实际上不可能实现等温压缩，末级压缩后的空气温度可高达 80~90℃。因此，空气在空压机后，要对空气进行预冷，特别是对分子筛吸附净化流程，温度越低，吸附量越大。目前，采用的空气预冷系统主要有以下几种方法：

（1）带低温水的空气冷却塔。用喷淋水与空气直接接触来冷却压缩空气。一部分冷却水是用污氮在水冷却塔中降低冷却水的温度后，再用泵喷入空气冷却塔；另一部分用冷冻机的蒸发器提供的 4~6℃ 的低温水，进一步将空气冷却到 8~10℃。

（2）低温水间接冷却系统。空气经压缩机末端冷却器冷却至 40℃ 后，再在预冷器中被低温水间接冷却至 8℃。低温水由冷冻机提供，这种系统设备简单，布置紧凑。

（3）空气与冷冻机直接换热的系统。压缩空气在经过末端冷却器冷却至 40℃ 后，进入为冷却空气而专门进行设计的蒸发器，靠冷冻剂蒸发吸热直接对空气进行冷却。

（4）污氮蒸发冷却系统。对于氮气产品质量没有要求的用户，可以增大污氮数量，充分利用排出冷箱的干燥污氮的吸热潜

力，在水冷却塔中吸收水中的蒸发潜热，将冷却水温降到 12 ~
14℃，然后再在空气冷却塔中用水将空气冷却至 16℃。

　　D　膨胀制冷系统

　　透平膨胀机是膨胀制冷系统的核心设备，它由蜗壳、导流器、工作轮和扩压器等主要部分组成。当具有一定压力的气体进入膨胀机蜗壳后，被均匀分配到导流器中，导流器上装有喷嘴叶片，气体在喷嘴中将热力学能转换成流动的动能，气体的压力和温度降低，出喷嘴的流速可高达 200m/s。当高速气流冲到叶轮的叶片上时，推动叶轮旋转并对外做功，将气体的动能转换为机械能。通过转子轴带动制动风机、发电机或增压机对外输出功。

　　从气体流经膨胀机的整个过程来看，气体压力降低是一膨胀过程，同时对外输出功。输出外功是靠消耗了气体内部的能量，反映出温度的降低，实现气体的制冷。在全低压空分设备中的工作压力在 0.6MPa 左右，因此，节流效应制冷量很小。对每立方米加工空气而言，只有 1.36kJ/m³。而装置的跑冷损失为 4.2 ~ 7.5kJ/m³，当热端温差为 3℃时，热交换器不完全损失为 3.9 kJ/m³，所以，对不产生液态产品的空分设备，总冷损为 8.1 ~ 11.4kJ/m³。因此，总冷损中，绝大部分要靠膨胀机制冷来弥补。一般认为，在正常工况下，对全低压制氧机，膨胀制冷量约占总制冷量的 85% ~ 90%。

　　随着空分设计和制造技术的发展，目前采用增压透平压缩机吸收膨胀机功率的工艺流程用得越来越多。增压机的叶轮装在膨胀机轴的另一端，膨胀空气对膨胀叶轮做功使之转动，增压机的叶轮也同速转动，并将进入膨胀机前的膨胀气体增压后再引入膨胀机的工作轮，如图 6-32 所示。这样就将透平膨胀机输出的外功回收给膨胀工质本身，提高了膨胀工质进膨胀机的入口压力，从而增加了膨胀机的单位工质制冷量，减少进上塔的膨胀空气量有利于提高氧的提取率。

　　E　空气中水分、二氧化碳的净除

　　a　冻结法净除

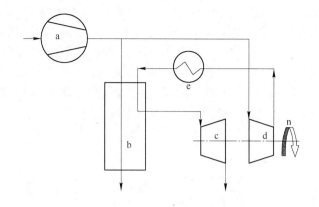

图 6-32 增压透平膨胀机工作原理

a—空压机；b—主换热器；c—透平膨胀机；

d—增压机；e—冷却器

经过膨胀制冷后的空气经过蓄冷器或切换式换热器，随着温度的不断降低，水分逐渐析出，以水珠、雪花等形态沉积在蓄冷器的填料或板式换热器的翅片上，至 -60℃时空气中已基本上不含水分。空气温度降至 -130℃以下时，二氧化碳也逐渐以固体形式析出，至 -170℃时已基本上不含二氧化碳。空气中的水分和二氧化碳析出、冻结在切换式换热器中，为空分设备安全可靠地工作提供了良好的条件。但它对传热却带来了不利的影响，而且还会堵塞通道，增加流动阻力。因此，要及时地、定期地把这些析出物清除。通常采用返流气体（如污氮）通过时，把沉积的水、二氧化碳带走。其原理是水、二氧化碳沉积一定时间后，将通道切换，从精馏塔上的污氮为不含水分和二氧化碳的不饱和气体，当气体流经沉积了水和二氧化碳的通道时，固态的水、二氧化碳能够进行蒸发和升华进入污氮气中，使沉积的水分和二氧化碳全部清除干净，实现自清除。

b 分子筛吸附净化

空气在进入换热器前，通过吸附器内吸附层（硅胶或分子筛）时，由于吸附剂比表面积大，对水分、二氧化碳、乙炔具有选择性吸附的特性。将空气中的水分、二氧化碳和乙炔吸附在吸附剂表面，随着吸附时间的推移，上部吸附剂吸附逐渐饱和，有效吸附区域下移，当全部吸附剂吸附趋于饱和时，吸附效率下降，必须切换用再生后的吸附器。吸附饱和的吸附器通过提高吸附剂内的温度或降低吸附腔内的压力实现吸附剂的再生。一般是利用加温气体通过吸附剂层，使吸附剂温度升高，被吸组分解吸，然后被加温气体带出吸附器。吸附器的切换周期长，使操作大大简化，纯氮产量不在受返流气量要求的限制，运转周期可达两年以上。

F　空气换热、冷却、液化

空分设备中的主热交换器及冷凝蒸发器对空气的液化起着非常关键的作用，主热交换器是利用膨胀后的低温、低压气体作为热交换的返流气体，来冷却高压正流空气，使它在膨胀前的温度逐步降低。同时，膨胀后的温度相应地逐步降得更低，直至最后能达到液化所需的温度，使正流空气部分液化。

板翅式换热器是应用最广泛的主换热器，它的每一个通道由隔板、翅片、导流片和封条等部分组成。在相邻的两块隔板之间放置翅片、导流片，两边用封条封住，构成一个夹层，称为通道。将多个夹层进行不同的叠置或适当的排列，构成许多平行的通道，在通道的两端装配有冷、热流体进、出口的导流板。隔板中间的瓦楞形的翅片一方面是对隔板起到支撑作用，增加强度；另一方面它又是扩展的传热面积，使单位体积内的传热面积大大增加。冷、流体同时流过不同的装有翅片的通道，通过隔板和翅片进行换热。可逆式换热器的冷段一般是氧、纯氮、污氮、环流四股流体和一股热流体（空气）之间的换热。各股流体的流量、密度不同，它们的通道数也不同。在换热器组装时，按不同流体的通道数分配，把冷、热流体的通道相间布置。

氧、氮分离是通过精馏来完成的。精馏过程必须有上升蒸气和下流液体。为了得到氧、氮产品，精馏过程是分上下两塔内实现双级精馏过程。冷凝蒸发器是联系精馏上塔和下塔的纽带，它用于上塔底部回流下来的液氧和下塔顶部上升的气氮之间的热交换。液氧在冷凝蒸发器中吸收热量而蒸发为气氧。其中一部分作为产品气氧送出，而大部分（70%～80%）供给上塔，作为精馏用的上升蒸气。气氮在冷凝蒸发器内放出热量而冷凝成液氮。一部分直接作为下塔的回流液，一部分经节流降压后供至上塔顶部，作为上塔的回流液，参与精馏过程。

G　空气精馏、分离

精馏塔是使空气中氮、氧分离的设有多层塔板的设备。在塔板上有一定厚度的液体层。精馏塔是分为上塔和下塔两部分的双级精馏塔。

压缩空气经清除水分、二氧化碳，并在热交换器中被冷却及膨胀后送入下塔的下部，作为下塔的上升气。因为它含氧21%，在0.6MPa下，对应的饱和温度为100.05K。在冷凝蒸发器中冷凝的液氮从下塔的顶部下流，作为回流液体。因其含氧为0.01%～1%，在0.6MPa下的饱和温度约为96.3K。因此，精馏塔下部的上升蒸气温度高，从塔顶下流的液体温度低。下塔的上升气每经过一块塔板就遇到比它温度低的液体，气体本身的温度就要降低，并不断有部分蒸气冷凝下来，于是剩下的蒸气中含氮浓度就有所提高。就这样一层一层地上升，到塔顶后，蒸气中的氧绝大部分已被冷凝到液体中，其含氮浓度高达99%以上。这部分氮气被引到冷凝蒸发器中，放出热量后全部冷凝成液氮，其中一部分作为下塔的回流液从上往下流动。液体在下流过程中，每经过一块塔板遇到下面的上升的温度较高的蒸气，吸热后有一部分液体就要气化。在汽化过程中，由于氮是易挥发组分，氧是难挥发组分，因此氮比氧较多地蒸发出来，剩下的液体中氧浓度就有所提高。这样一层一层地往下流，到达塔底就可得到氧含量为38%～40%的液空。因此，经过下塔的精馏，可将空气初步分离成含氧38%～40%的富氧液空和含氮99%以上的液氮。

然后将液空经节流降压后送到上塔中部，作为进一步精馏的原料。与下塔精馏的原理相同，液体下流时，经多次部分蒸发，氮较多地蒸发出来，于是下流液体中的含氧浓度不断提高，到达上塔底部可得到含氧 99.2% ~ 99.6% 的液氧。从液空进料口至上塔底部塔板上的精馏是提高难挥发组分的浓度，叫提馏段。这部分液氧在冷凝蒸发器中吸热而蒸发成气氧，在 0.14MPa 下它的温度为 93.7K。一部分气氧作为产品引出，大部分作为上塔的上升气。在上升过程中，部分蒸气冷凝，蒸气中的氮含量不断增加。由于上塔中部液空入口处的上升气中还含有较多的氧组分，如果将它放掉，氧的损失太大，所以应进行精馏。从冷凝蒸发器中引出部分含氮 99% 以上的液氮节流后送至上塔顶部，作为回流液，蒸气再进行多次部分冷凝，同时回流液多次部分蒸发。其中氧较多地留在液相里，氮较多地蒸发到气相中，到了上塔顶，便可得到含氮 99% 以上的氮气。从液氮进料口到液空进料口是为了进一步提高蒸气中低沸点组分（氮）的浓度，叫精馏段。如果需要纯氮产品还需要再次精馏，才能得到含氮 99.99% 的纯氮产品。

H　低压氧、氮气中冷量的回收及压缩

空分装置生产的氧、氮产品来自上塔的低压氧、氮气体，经主换热器复热后出空分冷箱，回收氧气、氮器中的冷量，气体的绝对压力约为 0.12MPa。然后再由压缩机将它压缩到所需的压力（3.1MPa），送入贮氧罐中供给用户。液氧内压缩流程是从冷凝蒸发器抽出液氧产品，经液氧泵压缩到所需的压力（3.1MPa），再经换热器复热回收冷量，气化后供给用户。与原有流程相比，内压缩流程具有以下特点：

（1）不需要氧气压缩机。由于将液体压缩到相同的压力所消耗的功率比压缩同样数量的气体要小得多。并且液氧泵的体积小，结构简单，费用要比氧气压缩机便宜得多。

（2）液氧压缩比气氧压缩较为安全。

（3）由于有大量液氧从主冷中排出，碳氢化合物不易在主冷中浓缩，有利于设备的安全运转。

（4）由于液氧复热、气化时的压力高，换热器的氧通道需承受高压，因此，换热器的成本将比原流程高。并且，在设计时应充分考虑换热器的强度的安全性。

（5）液氧气体的冷量充足，在换热器的热端温差较大，即冷损相对较大，为了保持冷量平衡，要求原料空气的压力较高，空压机的能耗有所增加。

通过比较，空压机增加的能量与液氧泵节约的能耗大致相抵。设备费用也相近。但从安全和可靠性方面来看，内压缩流程有它的优越性。随着变频液体泵的应用，产品氧气、氮气流量的调节非常灵活，产品的纯度的稳定性也较好，是目前国际上采用较多的流程。

6.5.2.2 变压吸附分离制氧技术

A 变压吸附分离气体的基本原理

气体的吸附分离一般分为变压吸附和变温吸附两大类。从吸附剂的吸附等温线可以看出，吸附剂在高压下对杂质的吸附容量大，低压下吸附容量小；同时从吸附剂等压线我们也可以看到，在同一压力下吸附剂在低温下吸附容量大，高温下吸附容量小。利用吸附剂的前一性质进行的吸附分离称为变压吸附，通常用PSA 表示，利用吸附剂的后一性质进行的吸附分离称为变温吸附，通常用 TSA 表示。

在实际应用中一般依据气源的组成、压力及产品要求的不同来选择 TSA、PSA 或 TSA + PSA 工艺。变温吸附法的循环周期长、投资较大，但再生彻底，通常用于微量杂质或难解吸杂质的净化；变压吸附的循环周期短，吸附剂利用率高，吸附剂用量相对较少，不需要外加换热设备，被广泛用于大气量多组分气体的分离和纯化。

在变温吸附工艺中，吸附剂在常温下吸附混合组分中的易吸附组分，而在加温时将被吸附组分解吸出来，使吸附剂得到再生。

在变压吸附工艺中，吸附剂在一定温度下或一定的温度变化范围内具有：对不同的气体组分吸附容量不同的特点；吸附容量随气体压力的升高而增大，随气体压力的降低而减少的特性。利用这一特性，在较高压力下吸附剂床层对气体混合物进行吸附，容易吸附的组分被吸附剂吸收，不易吸附的组分从床层的一端流出，然后降低吸附剂床层的压力，使被吸附的组分脱附出来，从床层的另一端排出，从而实现了气体的分离与净化，同时也使吸附剂得到了再生。

　　但在通常的 PSA 工艺中，吸附剂床层压力即使降至常压，被吸附的杂质也不能完全解吸，这时可采用两种方法使吸附剂完全再生：一种是用产品气对床层进行"冲洗"，将较难解吸的杂质冲洗下来，其优点是在常压下即可完成，不再增加任何设备，但缺点是损失产品气体，降低产品气的收率，能耗较高；另一种是利用抽真空的办法进行再生，使较难解吸的杂质在负压下强行解吸下来，这就是通常所说的真空变压吸附（Vacuum Pressure Swing Absorption），用 VPSA 表示，VPSA 工艺的优点是再生效果好，产品收率高，但缺点是需要增加真空泵。

　　在实际应用过程中，究竟采用以上何种工艺，主要视原料气的组成条件、流量、产品要求以及工厂的资金和场地等情况而决定。

　　变压吸附制富氧就是一种在常温下分离空气得到富氧气体的装置，其基本原理是利用吸附剂对不同吸附质选择性吸附能力的不同以及吸附剂的吸附容量随压力变化而差异的特性，即在较高压力下吸附剂有选择性地吸附流过床层气体中的杂质组分（如空气中的绝大部分 N_2、CO_2、SO_2、H_2O 及部分 O_2 等），而选择性吸附能力较差的组分（如氧气等）则快速地流过吸附剂床层，从吸附塔顶部排出形成产品氧气；当吸附剂吸附的杂质达到一定程度时，吸附剂对杂质组分的吸附达到动态饱和，此时需要对吸附剂进行再生，才能实现连续分离的目的；吸附剂的再生是通过降低吸附剂床层压力，在真空状态下脱除所吸附的杂质组分，以实现吸附剂再生的目的

　　B　装置的工艺流程简图（见图 6-33）

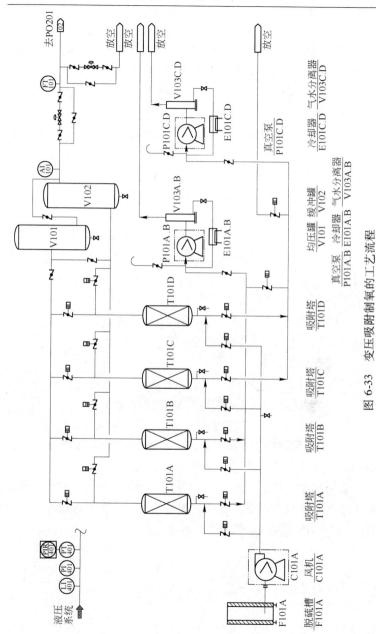

图 6-33 变压吸附制氧的工艺流程

C　工艺流程简述

VPSA 制富氧：装置采用四塔 VPSA 流程，工作时其中几塔同时处于吸附状态，另外的塔处于再生和准备状态，工艺循环中包括一次均压降压、抽真空、一次均压升压、产品气加压等几个循环程序步骤。

在运行中，空气经风机加压至工艺要求的压力并进行初步预处理工序后，再直接进入吸附塔，其中的等 N_2、H_2O 等组分经过吸附剂后被依次吸附掉，得到纯度大于 93% 低氧气从塔顶输出。当一个吸附塔的吸附剂吸附饱和后，首先经过一次均压降压过程，将吸附塔死空间内的部分氧气回收，同时将吸附塔压力降至微负压，然后对吸附塔抽真空，使吸附剂得到完全再生。

完全再生后的吸附剂，经过一次均压升压和产品气升压两个步骤后达到吸附压力，然后又进入下一个循环吸附过程，几个吸附塔按程序自动交替工作，即可实现连续分离空气得到富氧。经变压吸附后的氧气压力约为 5 ~ 10kPa，再通过压氧系统进行加压可满足用户对氧气输送压力的要求。

其流程特点如下：

（1）特殊的工艺流程，多塔同时吸附，抽真空过程仍能连续进行，大大提高了真空泵效益，节能效果明显。

（2）由于同时有多塔吸附，因而产品气流量波动小。

（3）采用独特的预处理系统，大大地延长了吸附塔内吸附剂的使用寿命。

装置操作灵活、可靠性高，当一个吸附塔出现故障时，可切除该塔继续运行，以便及时检修而不至于停机，对连续生产需求影响不大，这是 VPSA 装置提高可靠性的关键。

7　加压浸出渣的处理

7.1　加压浸出渣的浮选分离

　　加压浸出矿浆经过滤、洗涤后的渣及为渣浮选的给料，浸出渣经 X 射线衍射分析，其矿物组成主要是元素硫、七水草黄铁矾、钠铁矾、黄钾铁矾、铅铁矾及少量石英和残留的闪锌矿。典型的浸出渣多元素分析结果见表 7-1，浸出渣中硫的物相分析结果见表 7-2，表 7-3 列出了渣中元素硫的粒度分布情况。

表 7-1　浸渣多元素分析结果

元素	Zn	Fe	T_S①	$S^0$②	Pb	K_2O	Na_2O	Cu	Al_2O_3	SiO_2
渣 /%	1.81	15.3	48.05	41.45	2.1	1.08	1.50	0.16	0.95	5.16

元素	Co	Ni	Ga	In	Ge	Cd	Ag	CaO	MgO
渣/g·t^{-1}	13	103	130	120	15	64	226.2	小于1000	450

①T_S—全硫；②S^0—元素硫。

表 7-2　硫物相分析结果

相　　别	元素硫	SO_4^{2-} 中的 S	硫化物中 S	总　　硫
含量/%	41.45	5.58	1.02	48.05
分布率/%	86.27	11.61	2.12	100.0

表 7-3　元素硫粒度分布

粒级 /μm	小于 20	20 ~ 43	43 ~ 74	74 ~ 100	100 ~ 150	150 ~ 200	大于 200
分布率/%	0.86	9.02	22.59	18.60	18.82	15.31	14.80

　　浸出后生成的元素硫，在减压、冷却过程中，形成了较粗的硫珠，最粗的可达十几个毫米，在 +0.074mm 级别中，硫的分布率占 60% 以上，元素硫在 +0.04mm 级别中占 90%，易于用浮选法回收。另外在 -10μm 级别中，主要为铁铅等矾类化合物，

因此，在浮选前采取预先筛分或脱泥，将有利于元素硫的浮选。

目前浮选的主要原料有浸出矿浆直接浮选的渣、浸出矿浆经过滤-洗涤后的渣、旋流器分级的沉砂等 3 种。

在酸性矿浆中直接浮选硫化物，微细粒化合物与元素硫之间分散性较好，元素硫精矿品位易提高，因此，对元素硫的浮选较为有利，可减少过滤和调浆作业。但是，酸性矿浆浮选腐蚀性强，全部筛分、浮选、调浆、过滤等需要耐腐蚀的设备。$ZnSO_4$ 溶液收集比较分散。浮选浓度低，占用设备多。

过滤渣浮选，浮选矿浆为弱酸性，pH 值为 6 左右，不需要专门的防腐设备，操作比较安全、方便，而且硫酸锌溶液的收集比较集中，可减少锌的损失。但多一次过滤、调浆作业。

旋流器分级的沉砂浮选，实际上是综合了上述两种方案的优点，由于沉砂沉降快，可重新调浆浮选，既解决了腐蚀问题，也提高了浮选浓度。但在旋流器的溢流中含有少量的细粒元素硫和矾类化合物。但便于工程化应用。

元素硫由于密度轻、天然疏水性好，特别好选。试验资料表明，当浸出过程中铁形成 Fe_2O_3 对硫的浮选不利。当渣中含有较多的粗粒硫珠时，要用筛分的办法回收，避免粗粒硫浮选时损失到尾矿中。硫渣浮选时不需要搅拌和添加捕收剂，必要时补加少量起泡剂，也不需要再磨。浮选工艺以一次粗选、一次精选、一次扫选即可取得良好的分选效果。典型的浮选硫精矿成分见表 7-4，硫精矿物相分析见表 7-5。浮选尾矿多元素分析见表 7-6。

表 7-4　硫精矿多元素分析

元 素	Zn	T_S	S^0	Fe	Cu	K_2O	Na_2O	SiO_2	Al_2O_3	CaO
渣浮选精矿 / %	2.75	90.64	86.57	2.44	0.30	0.07	痕	0.58	0.16	<0.1

元 素	Ni	Co	Ga	In	Ge	Cd	Pb	MgO	Ag
渣浮选精矿 /$g \cdot t^{-1}$	71	14	30	6	70	120	740	100	44.5

表 7-5 精矿的硫物相分析

产品名称	S⁰		SO₄²⁻ 中 S		硫化物中 S		总 硫	
	含 量	分布率	含 量	分布率	含 量	分布率	含 量	分布率
渣浮选精矿 /%	86.57	95.51	0.014	0.02	4.056	4.47	90.64	100.0

表 7-6 浮选尾矿多元素分析

元 素	Zn	T_S	S⁰	Fe	Pb	K₂O	Na₂O	SiO₂	Al₂O₃	CaO
渣浮选尾矿/ %	1.24	11.60	1.40	27.20	3.71	1.98	2.75	8.84	1.50	<0.1

元 素	Ni	Co	Ga	In	Ge	Cd	Cu	MgO	Ag
渣浮选尾矿/g·t⁻¹	108	21	22	180	240	31	520	750	385.0

精矿中除含元素硫外，主要杂质相为闪锌矿，少量的黄铁矿和黄铜矿，精矿密度为 2.145g/cm³。浮选尾矿中几乎都是矾类化合物和石英。镜下观察仅偶尔才见到个别的元素硫颗粒。尾矿密度为 3.01g/cm³。

尾矿中银赋存状态的初步考查，尾矿中的银占浮选给矿的 90% 以上，经初步查定，尾矿中的银粒度非常细小，−5μm 级别中银的分布率占 83.42%。主要赋存于矾类化合物中。浮选尾矿含铅、铟、锗都较高，尚需进一步研究综合回收。

7.2 元素硫的提纯

硫位于周期表中第三周期，第六主族，原子序数 16，相对原子质量 32，密度 1.92 ~ 2.05g/cm³。硫的熔点 119.2℃，熔化热 38.9kJ/kg，质量定压热容：$T = 273 ~ 368$ K 时，$C_p = 15.20 + 0.0268T$（kJ/mol·℃）；$T = 368 ~ 392$K 时，$C_p = 18.34 + 0.01842T$（kJ/mol·℃）。

浮选得到的硫精矿，含有未反应的硫化物杂质，还不能作为元素硫产品销售，需要经过热熔过滤，脱出未反应的硫化物杂质。元素硫的提纯方法很多，热滤脱硫提纯法比较简单易行。热熔过滤是加热浮选所得的硫精矿，并控制温度使其流动性最好，用机械方法使硫与不熔渣分离。

　　热滤法根据操作条件的不同分为蒸汽直接熔硫和间接加热熔硫两种方法。通常采用的热熔过滤工艺如图 7-1 所示。

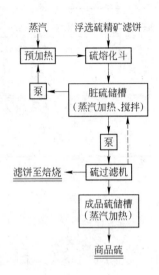

图 7-1　硫热熔过滤工艺

　　硫精矿滤饼落到锥形熔锅里的热（140～150℃）熔融硫的液流中。预加热的硫沿切线方向泵入锥形锅中，混合液流从底部排到脏硫槽。在该槽上方，大部分水分闪蒸出来。

　　脏硫储存在的储槽中，加以搅拌，以保持未反应的硫化物和其他脉石呈悬浮状态。硫的最后净化由一台带蒸汽套的 Sparkler 压滤机来完成。过滤机直径 1.37m，总过滤面积 33m^2。滤片与片之间保持 18cm 间距，以避免滤饼搭接。滤叶用不锈钢网覆盖。熔融硫的过滤系间断进行，在每个周期的末尾，用人工清除滤饼。来自过滤机的滤饼含有未反应的硫化物和一些元素硫，送回焙烧炉，以回收其中的有价锌。商品硫含元素硫 99.7%，铅、锌、铁含量都低于 0.1%。水力旋流器—浮选工艺中硫的作业回收率约为 98%，而熔化—热过滤工序中硫的作业回收率约为 94%，因此，从锌精矿开始直到产出元素硫，硫的总回收率约为 88%。

蒸汽直接熔硫法是在密闭反应釜内进行，浮选硫精矿直接加入釜内，蒸汽直接加热，待硫融化完全后保温沉淀，硫磺、不熔渣、液相在釜内按密度不同分为三层，可依次放出，实现硫的提纯。蒸汽直接熔硫法的脱硫率可达 80%，所产硫品位可达 99% 以上。在脱硫过程中，硫精矿中的水溶锌可从液相中回收。不污染环境，但操作要求严格。蒸汽直接熔硫法的控制条件：釜内平衡压力 0.3 ~ 0.4MPa，温度 143 ~ 151℃，搅拌熔化时间 1.5 ~ 2h，沉淀分离时间 0.7 ~ 1h，渣含硫 25% ~ 60%。

热滤渣产率取决于硫精矿组成和脱硫率。一般为 10% ~ 30%。渣成分随浮选硫精矿成分的不同而异。表 7-7 列出了某厂直接熔硫过滤前后的成分对比。

表 7-7　厂直接熔硫过滤前后的成分对比

编　号	过滤前成分/%				滤渣成分/%		
	Ni	Cu	Fe	S	Ni	Cu	S
1	6.5	1.8	0.7	80			
2	5	1.5	1	60 ~ 70	11	13	55
3	5 ~ 9	0.8 ~ 1.5		90			

蒸汽直接熔硫使用的密闭熔硫釜，工作压力 0.4MPa，外设夹套，既可辅助加热，又可保温。因所处理的浮选硫精矿具有一定的腐蚀性，可选用搪瓷釜或衬钛釜。采用容积 1.5m³ 的熔硫釜，每釜可处理 800 ~ 1000kg 浮选硫精矿。

7.3　伴生成分的综合利用

在热熔过滤中，由于杂质成分低，滤饼产率低，因此，滤饼中的锌品位得到富集，富集比约 9 ~ 10 倍，铅、锌约占硫化锌精矿中铅、锌含量的 1%。可返回焙烧炉处理。富集在浮选尾矿中铅、银、铟、锗等可通过鼓风炉还原—烟化炉挥发回收铅、银、锌、锗等伴生成分。特别对一些伴生稀贵金属高的锌精矿资源，综合回收的效益就更明显，比如云南澜沧锌精矿加压浸出工艺后的浮选尾矿中的银可富集到 1121g/t。

8 加压浸出技术的应用领域

实际上，锌压浸技术的每一个潜在应用，都有它本身的特别要求，而这些要求取决于精矿原料的成分、副产品的回收以及与现有工艺的兼容性。大部分现有的锌厂都是应用焙烧—浸出—电解的工艺来提取锌，锌压浸技术既可用来扩大锌的产量，又可以取代焙烧炉以保持原有的锌产量。

8.1 硫化物混合精矿的处理

由于高品位锌精矿供应的减少，对含有相当数量铜或铅硫化物混合锌精矿的处理必须予以考虑。在硫酸浸出的条件下铅基本上是不溶的，可以从浸出残渣中予以回收。图 8-1 所示是一种处理锌精矿和硫化物混合精矿的压浸工艺流程图。

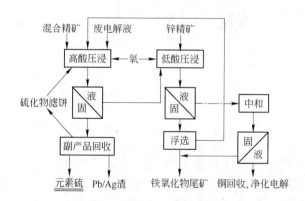

图 8-1   处理锌精矿和硫化物混合精矿的加压浸出原则流程

硫化物混合精矿在高酸条件下浸出以防止铁的水解，在浮选分离元素硫和未反应的硫化物（大部分是黄铁矿）后，回收一种高品位的铅—银残渣。高酸浸出溶液在一个低酸浸出工序中用锌精矿处理，以降低溶液的酸度和铁的含量。经过中和和最后除铁以后，溶液送去净化和电解。如果有铜存在，可在净液之前从脱除铁以后的溶液中置换回收。低酸浸出残渣经过浮选，将回收的未浸出的锌和元素硫，返回高酸浸出。使用低酸浸出阶段的锌精矿中含铅和银越少越好，因为铅和银在高压釜中会与铁氧化物一道沉淀而损失到浮选尾矿中。

　　在加压浸出的条件下，铜的矿物可以被溶解。处理铜—锌精矿的工艺设计，必须限制铜的净浸出率而保持高的锌提取率。在 Sherritt 研究中心，已经处理过多种复杂的硫化矿物以分离其中的铜和锌。总的工艺目的是既能产出一种合适于通过电解提锌的溶液，又能以高的铜回收率产出一种适合于作为炼铜厂原料的含铜残渣。一种简化了的铜—锌精矿的压浸工艺流程如图 8-2 所示。

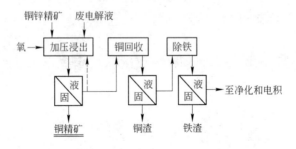

图 8-2　铜锌混合精矿处理流程

　　精矿在加压条件下用电解废液浸出，电解废液与精矿的体积比，比处理高品位的锌精矿时要小得多。为了控制温度，浸出液必须循环到高压釜，循环溶液的含锌量应与压浸溶液相同，才能使最后送到电解去的溶液不被稀释。加压浸出溶液被送至一个铜回收工序处理，沉淀出在加压浸出中溶解的铜。脱铜后的溶液然后送去除铁工序，以中和溶液中的酸并从溶液中沉淀除铁。脱除铁以后的硫酸锌溶液即为常规净液和电解两工序的原料。加压浸出工序和铜回收工序的固体物一并作为炼铜厂的原料，由于这些固体物中元素硫的浓度低，不能用现在的方法来经济地回收元素硫。按照图 8-2 所示的工艺流程，对一种欧洲产的铜—锌精矿进行处理，结果如下。

（1）压浸：压浸试验中使用的精矿含的铜和锌均为 16%。在高酸浸出条件下，锌的浸出率约为 94%，残渣含锌大约是 1%，残渣中锌的含量类似于锌精矿浸出时所产残渣的含量。然而，在这种条件下，铜的浸出率为 30% ~40%。

（2）铜的回收：铜从压浸溶液中被定量地沉淀出来，事实上沉铜时并不损失锌，沉铜以后的溶液中只含不到 0.1g/L 的铜，而沉淀出来的固体物料含锌少于 0.2%。然而，在这一工序中，酸大量产生，进一步要做的工作是减少这种酸的数量，降低由此产生的试剂费用。

8.2 硫化锌精矿直接浸出和老山针铁矿法的联合

比利时老山公司进行硫酸水溶液直接浸出硫化锌精矿的研究。总的目的是为了创立一种能够分别回收 Zn、Cu、Ag 和 Pb，以及能以商品形式出售的硫磺；而浸出时溶解的铁必须用老山针铁矿法从锌溶液中除去。

硫酸浸出硫化锌精矿的一般原理是基于以下反应：

$$ZnS(固) + H_2SO_4(液) + 0.5O_2(气) \Longrightarrow ZnSO_4(液) +$$
$$S^0(液或固) + H_2O(液) \qquad (1)$$

对于 FeS、PbS、Ag_2S 也能写出相同形式的反应式。由于溶液中存在铁离子，因此，上述反应中所涉及的不同相之间的传质过程得到增强，铁离子作为媒介物起着重要作用。

从本质上来说，三价铁氧化硫化物硫，然后二价铁又再次被氧氧化：

$$ZnS(固) + Fe_2(SO_4)_3(液) \Longrightarrow ZnSO_4(液) +$$
$$2FeSO_4(液) + S^0(液或固) \qquad (2)$$

$$2FeSO_4(液) + 0.5O_2(气) + H_2SO_4(液) \Longrightarrow Fe_2(SO_4)_3(液)$$
$$+ H_2O(液) \tag{3}$$

反应（2）+（3）得到反应（1），最重要的副反应，特别是在高温下的副反应有：

形成硫酸盐的反应：

$$ZnS(固) + 2O_2(气) \Longrightarrow ZnSO_4(液) \tag{4}$$

老山电锌厂（针铁矿法）为了控制湿法系统硫酸盐的平衡，这个反应必须尽可能加以限制以免有价值的硫酸盐以石膏沉积的形式排出。此外，这种反应必然会使硫的回收率降低。

A　形成铁矾的反应

由于浸出液中存在 Fe^{3+} 离子，可能形成铁矾，这主要取决于 Fe^{3+} 和 H_2SO_4 的浓度，同时也取决于停留时间和温度。由于银铁矾的生成，急剧减少了用浮选工艺从浸出渣中浮选回收银的稳定性。

例如，在氧压下以及 $150 \sim 160℃$ 的温度下，令反应（1）在高压釜内进行，通过始终维持酸的浓度在 70g/L 以上，也只能部分克服生成铁矾的问题；即使在这样的条件下，银浮选的回收率也不超过 86% 。

老山公司开发的工艺中，通过细心地控制使浸出液的氧化电位随不同阶段的硫酸浓度变化而改变，这两种有害的副反应可被限制到可以忽略不计的程度。

采用高压浸出、常压浸出的两段酸浸联合流程。在这些溶液中，氧化电位直接与 $Fe^{3+}(g/L)/Fe^{2+}(g/L)$ 的比值有关，在 $Fe_总(g/L)$ 为定值时，氧化电位与 $Fe^{3+}(g/L)$ 的浓度有关。

第一段浸出是在高压、约 150℃ 的温度下、在扩试规模的管式反应器（如图 8-3 所示）中进行的，浸出时间最长为 12min。在这一阶段中，Zn 没有完全浸出，但要求回收率最少 90% 。在常压温度为90℃的第二段浸出完成之后，可实现锌的完全回收（浸出时间2~4h）。

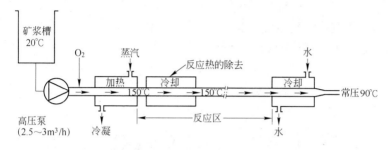

图 8-3 老山管式反应器扩试设备示意图

老山公司的锌精矿加压浸出—针铁矿沉铁工艺不仅锌回收率高，硫酸盐和铁矾生成率低，而且铜浸出率高，因此这种工艺特别适合于处理含 Zn、Cu、Pb 以及 Ag 的复杂精矿。

B 试验

试验所用的锌精矿是 Brunswick 采冶公司的 B. M. S 精矿。含 Zn50. 15%；Fe10. 1%；Pb2. 15%；Cu0. 27%；S33. 15%；Ag100g/t。

在少量的几个试验中使用了 B. M. S 矿与黄铜矿的混合矿（B. M. S 矿 80%、黄铜矿 20%）。黄铜矿含 Cu21. 2%；Fe24%；S26%；Si4. 05%；Zn0. 46%；Ag220 g/t。

BMS 锌精矿粒度为 –325 目占 91%，通过磨矿，制备成 –325目占 95%、–325 目占 99% 粒度的锌精矿备用。黄铜矿精矿磨成 –325 目占 90.5% 的粒度备用。

C 精矿浆的初始固体浓度

用固体含量与高压浸出液的比值来控制从管式反应器中排出的溶液所要求的最终酸度，同时考虑到 Zn、Fe 等浸出率。

D 浸出溶液

（1）压力浸出：将废电解液（±200g/L H_2SO_4）和还原浓

密机溢流（±50g/L H₂SO₄和20g/L Fe）两种工业用溶液混合后用于试验，混合液含 H₂SO₄155 ~ 170g/L、Fe 3 ~ 5 g/L。这种溶液也可以用废电解液与第二段浸出液混合制备。精矿在室温下用混合槽浆化。在加压浸出（温度为150℃）中，使用的表面活性剂是正苯二胺。

（2）第二段常压浸出：管式反应器排出的矿浆经澄清，底流最后要与废电解液混合进一步反应。

反应（1）所需的氧从反应器的入口喷入。矿浆浸出时氧分压从沿反应器中矿浆流向逐步降低。此外，反应器入口的压力决定于流速和反应器的长度。反应器入口的实测氧分压高于3MPa。对加入反应器的氧气流速进行监控，使之随反应器出口浸出液中的 Fe^{3+} 浓度的改变而改变。

常压浸出是在一个简单的实验搅拌反应器中进行，浸出时间需要2 ~ 4h。最终浸出渣的浮选试验是在丹佛型浮选机里进行的。所用浮选剂是老山公司工业生产中浮选高温高酸浸出渣所用的一般浮选剂。

E　压力浸出

a　锌的浸出率

三个主要因素决定锌的浸出率：锌精矿的粒度，反应器的长度（相当于浸出时间）和浸出液的氧化电位（正比于溶液中的 Fe^{3+} 浓度）（图8-4）。

可以看出，即使在最终 Fe^{3+} 浓度低（1 ~ 1.5g/L）的情况下，粒度 – 325目占95%的 BMS 锌精矿经11 ~ 12min 浸出后，锌浸出率达到96%；在最终 Fe^{3+} 浓度较高（4 ~ 5g/L）的情况下，Zn 的浸出率可以达到98%。终酸在30 ~ 70g/L 范围内时，不影响锌的浸出率。

b　硫酸盐的生成

如图8-5所示，按反应（4）生成的硫酸盐随反应器出口浸出液的 Fe^{3+} 浓度的变化而变化。可以看出，控制锌精矿中2% ~ 3%的硫转化为硫酸盐是可以实现的，即使 Fe^{3+} 浓度为6 ~ 7g/L，

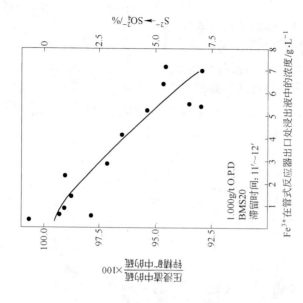

图 8-5 氧势与硫酸盐形成之间的关系

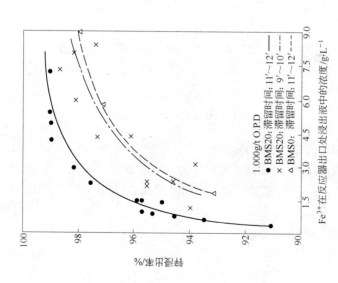

图 8-4 锌的浸出率与 Fe^{3+} 在反应器出口处浸出液的浓度关系

硫转化为硫酸盐的量仍可控制在 6% ~ 7% ，这与通常的沸腾焙烧时生产硫酸盐的数量差不多。

　　c　铁矾的生成

　　图 8-6 显示最终浸出液中的 Fe^{3+}（g/L）和 H_2SO_4（g/L）的浓度与生成铁矾的关系。即使最终在 H_2SO_4 浓度不高（30g/L）的情况下，可以允许大约 2g/L Fe^{3+} 的存在，不会生成铁矾；在 60g/L H_2SO_4 的情况下，允许 Fe^{3+} 高到 7 ~ 8g/L。

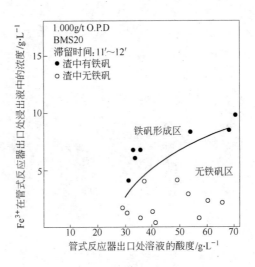

图 8-6　Fe^{3+} 和 H_2SO_4 管式反应器出口处溶
液中的浓度和铁矾生成的关系

　　其他的元素：Cu、Fe

　　在我们用纯 BMS 精矿进行压力浸出的整个试验中，Cu 的浸出率在 40% ~ 50% 之间波动。Fe 浸出率在 50% ~ 60% 之间波动。

　　F　常压浸出

　　a　Zn 的浸出率

　　用通常的技术在温度为 90℃ 、浸出时间 2 ~ 4h 的条件下进行浸出试验，要达到99.5%以上的锌浸出率是不成问题的。浸出液的酸度不影响或几乎不影响 Zn 的浸出率（最终酸度高于30g/L H_2SO_4）。管式反应器的最终矿浆经沉淀后用于试验，结果，即使使用废电解液来提高酸度，其试验结果实际上也不能得到改善。显然，在较高的酸度下，这一操作允许在更强的氧化条件下进行，而不至于生成铁矾，这就改善了反应的动力学。但由于铜的回收问题限制了所允许的氧化电位。

b Cu 的浸出率

常压浸出阶段氧势对铜浸出率的影响见表8-1，常压浸出的结果表明：在第二段浸出时溶液的氧化电位是获得最佳 Cu 的浸出效果的决定因素。

表 8-1 在常压浸出阶段氧势对铜浸出率的影响

| 分项 | 压 浸 结 果 | | | | | 常压浸出结果 | | | | |
| | 终点浓度/$g \cdot L^{-1}$ | | | 回收率/% | | 终点浓度/$g \cdot L^{-1}$ | | | 回收率/% | |
	Fe^{3+}	Fe^{2+}	H_2SO_4	Zn	Cu	Fe^{3+}	Fe^{2+}	H_2SO_4	Zn	Cu
A	11.5	2.3	53	98.83	48.21	10.5	3.3	53	99.7	49.3
B	1.0	10.4	36	94.98	43.83	10.6	2.0	98	99.8	45.6
C	7.8	5.7	50	97.56	55.43	3.7	10.4	49	99.6	95.8
D	2.4	7.6	30	94.01	36.29	2.6	11.4	119	99.5	95.7

从不同的试验可以得出这样的结论：即在第二段常压浸出时 H_2SO_4 浓度高于40g/L、氧化电位相对于标准氢电极（NHE）为640~660mV，试验获得最好结果。

用老山公司两段浸出法处理 BMS + 黄铜矿混合精矿的结果见表8-2，结果表明：两段浸出法工艺对处理含铜较高的精矿是有效的，该精矿铜含量类似于20%黄铜矿+80% BMS 20 矿的混合矿。

**表 8-2　用老山两段浸出法处理 BMS + 黄铜矿
混合物的结果**（混合含铜 4.4%）

压 浸 结 果					常压浸出结果				
终点浓度/g·L^{-1}			回收率/%		终点浓度/g·L^{-1}		相对于 NHE 的电势/mV	回收率/%	
Fe^{3+}	Fe^{2+}	H_2SO_4	Zn	Cu	Fe^{3+}	H_2SO_4		Zn	Cu
7.2	5	66	97.0	37.7	3.2	58	640	99.8	93.3

c　Ag、Pb 和 S⁰ 的浮选回收

表 8-3 列出了浸出作业对浸出渣浮选作业的影响，4 组浮选试验（A、B、C、D）的结果说明：在压力浸出以及第二段的常压浸出段，氧化电位过高对 Ag 铁矾的生成有不良影响。表 8-3 中的 E 和 F 组试验为 Sherritt Gordon 一段压力浸出工艺中，银浮选率随最终 H_2SO_4 浓度变化的情况（浸出时间为 1h）。

表 8-3　列出了浸出作业对浸出渣浮选作业的影响

分项	加压浸出终点浓度/g·L^{-1}			常压浸出终点浓度/g·L^{-1}			硫—银浮选精矿/%		
	Fe^{3+}	Fe^{2+}	H_2SO_4	Fe^{3+}	Fe^{2+}	H_2SO_4	产率	银回收率	铅回收率
A	2.5	10.7	61	2.2	11.7	42	86.3	93.2	14.6
B	2.4	7.6	30	2.6	11.4	47	86.6	93.4	10.7
C	1	12.1	64	9.1	3.0	42	74.3	75.1	6.0
D	11.2	1.6	49	1.9	3.0	42	85.8	79.3	12.2
E	13~16	1	小于60				82	42.5	23.8
F	14~17	1	70~95				89.4	86	24.8

因此，高 Fe^{3+} 浓度，特别在 H_2SO_4 浓度低于 60g/L（见图 8-6）时会引起 Ag 铁矾的形成，这样降低了浮选精矿中的银的回收率（如表 8-3 中 C、D、E 的情况）。很明显，浸出时如形成铁矾，大部分银被铁矾所捕集。

老山法的特点在于：两段浸出时，由于精确控制氧化电位，因此，即使压力浸出段 H_2SO_4 最终浓度很低（g/L）的情况下，也不会形成铁矾（如表8-3中 A 和 B 的情况）。因此可获得高的银浮选回收率（大于90%）。

浮选精矿约含 85% 的元素硫，除去硫后，渣则能用硫脲提取银，并获得以黄铁矿为主的残渣。

另一方面，铅富集在银浮选尾矿里，其数量与开始的硫化锌精矿中的铅含量成正比。因为老山法处理没有铁矾形成，所以，在处理含 Pb2.5% 的锌精矿时，浮选尾矿品位已经能达到约 40% Pb；这种尾矿可以直接送到铅冶炼厂。若锌精矿中 Pb 含量太低，因没有铁矾存在，可以通过浮选法生产含 Pb 大于 50% 的精矿。

老山两段直接浸出工艺（压力浸出＋常压浸出）是基于精确控制浸出液的 Fe^{3+} 浓度，从而控制氧化电位。达到高的 Zn 浸出率（大于 99.5%）和铜的浸出率（大于 95%）；锌精矿中只有 2%~3% 硫转化成硫酸盐，比用针铁矿法或赤铁矿法的湿法炼锌厂硫酸盐平衡所要求的 6% 的极限值低得多，进而可获得高的元素硫回收率；抑制铁矾的形成，对于从直接浸出的残渣中回收含铅和银有非常重要的意义，回收硫以后用硫脲提取可以回收其中的银。富集在尾矿中的铅（40%~60%）使尾矿能直接销售给铅冶炼厂。

根据两段浸出后，只要保持最终 Fe^{3+} 浓度低于 2g/L，就可将初始电解废液从 H_2SO_4 200g/L 中和到 30g/L 游离硫酸而不会生成铁矾。这种溶液送到针铁矿沉铁的湿法工序之前，可用焙烧炉生产的焙砂中和到含 H_2SO_4 约 5g/L。因此，提出如图 8-7 所示的建议流程。

另外，中和加压浸出的后液也可以通过常压浸出硫化锌精矿的方法来实现（没有铁矾生成）。基于这个方法，提出图 8-8 建议流程。若把中性浸出后的酸性浸出铁渣送到高压浸出，就能最大限度使硫化矿直接浸出，并就不再需要浸出渣的处理了。

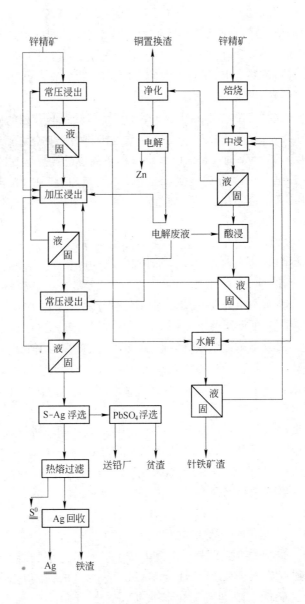

图 8-7　加压浸出—针铁矿法建议流程

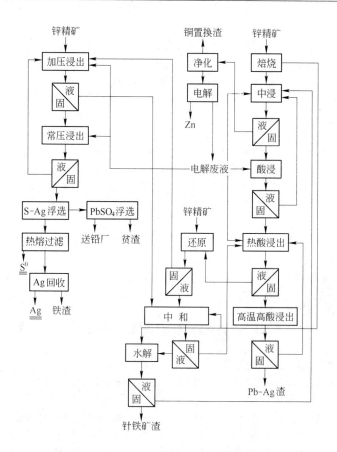

图 8-8 加压浸出—老山针铁矿工艺联合流程

参 考 文 献

1　张志雄等. 矿石学. 北京：冶金工业出版社，1981

2　刘振亚等. 锌精矿氧压浸出工艺考察报告，株洲冶炼厂，1986. 10.

3　Ashman. D. W. , Jankola. W. A. , Recent Experience with Zinc Pressure Leaching at Cominco，Lead-Zinc'90，253（The Minerals，Metals and Materials Society：Warrendale）

4　Mollison. A. C. , Moore. G. W. , Sulphide Pressure Leaching at Kidd Creek，Lead-Zinc'90，277（The Minerals，Metals and Materials Society：Warrendale）

5　M. J. Collins 等. 锌加压浸出工艺的应用. 株冶科技，1990. 8. p. 90~100

6　D. B. Dreisinger 等. 雪利·哥登锌压浸工艺的动力学. 株冶科技，1990. 8. p. 101~112

7　Thierry De Nys 等. 硫化锌精矿直接浸出和老山针铁矿法的联合. 株冶科技，1990. 8. p. 113~119

8　邱定蕃. 加压湿法冶金过程化学与工业实践. 矿冶. 1994. 12. p. 55~66

9　杨显万，邱定蕃. 湿法冶金. 北京：冶金工业出版社，1998

10　李东英. 我国的钛工业. 北京：冶金工业出版社，1998

11　王吉坤等. 有色金属矿产资源的开发及加工技术，云南：云南科技出版社，2000

12　董英. 高铁硫化锌精矿冶炼工艺探讨. 云南冶金，2000. 8. p. 26~28

13　梅光贵，王德润等编著. 湿法炼锌学. 长沙：中南大学出版社，2001

14　黄嘉琥. 钛制化工设备. 北京：化学工业出版社，2002

15　王吉坤，周廷熙等. 硫化锌精矿加压浸出扩大试验研究报告，云南冶金集团总公司，2002. 6（内部资料）

16　刘刚，王吉坤等. 高压浸出高铁硫化锌精矿工程初步设计. 昆明有色冶金设计院. 2003. 7

17　魏昶. 王吉坤编著. 湿法炼锌理论与应用. 昆明：云南科技出版社. 2003. 7

18　王吉坤，周廷熙等. 硫化锌精矿加压浸出半工业试验研究报告. 云南冶金集团总公司，2003. 5（内部资料）

19　王吉坤，周廷熙等. 硫化锌精矿加压浸出半工业试验研究报告. 云南冶金集团总公司，2003. 5（内部资料）

20　董英，王吉坤，周廷熙等，高铁硫化锌精矿加压浸出技术产业化可行性研究报告，云南冶金集团总公司，2003. 12

21　郭天力. 科明科特雷尔锌厂的浸出和净化. 有色冶炼，2003. 12. p. 7~12

22　王吉坤，周廷熙. 高铁闪锌矿精矿加压酸浸新工艺研究. 有色金属，2004. 1

23　周廷熙. 加压反应釜搅拌轴双端面密封液供应自动伺服技术. 有色冶金, 2004. 11

24　张淑珍. 工程材料. 北京：化学工业出版社, 2004

25　魏龙. 密封技术. 北京：化学工业出版社, 2004

26　孙秋霞. 材料腐蚀与防护. 北京：冶金工业出版社, 2004

27　王吉坤, 周廷熙等. 高铁闪锌矿精矿加压浸出半工业试验研究. 中国工程科学, 2005. 1

冶金工业出版社部分图书推荐

书　名	作　者	定价(元)
锡	黄位森　主编	65.00
有色金属材料的真空冶金	戴永年　等编著	42.00
有色冶金原理	黄兴无　主编	25.00
常用有色金属资源开发与加工	董　英　等编著	88.00
湿法冶金	杨显万　等著	38.00
固液分离	杨守志　等编著	33.00
有色金属熔池熔炼	任鸿九　等编著	32.00
有色金属熔炼与铸锭	陈存中　主编	23.00
微生物湿法冶金	杨显万　等编著	33.00
电磁冶金学	韩至成　著	35.00
轻金属冶金学	杨重愚　主编	39.80
稀有金属冶金学	李洪桂　主编	34.80
稀土（上、中、下册）	徐光宪　主编	88.00
冶金物理化学教程	郭汉杰　编著	30.00
预焙槽炼铝（第3版）	邱竹贤　编著	79.00
铝加工技术实用手册	肖亚庆　主编	248.00
有色冶金分析手册	符　斌　主编	149.00
有色金属压力加工	白星良　主编	38.00
矿浆电解	邱定蕃　编著	20.00
矿浆电解原理	张英杰　等编著	22.00
现代锗冶金	王吉坤　等编著	48.00
湿法冶金污染控制技术	赵由才　等编著	36.00
锆铪冶金	熊炳昆　等编著	36.00